电工技术
教学的探索与研究

庞广富　著

中国原子能出版社
China Atomic Energy Press

图书在版编目（CIP）数据

电工技术教学的探索与研究 / 庞广富著 . -- 北京：
中国原子能出版社 , 2022.12
ISBN 978-7-5221-2559-6

Ⅰ . ①电… Ⅱ . ①庞… Ⅲ . ①电工技术—教学研究
Ⅳ . ① TM

中国版本图书馆 CIP 数据核字 (2022) 第 241803 号

电工技术教学的探索与研究

出版发行	中国原子能出版社（北京市海淀区阜成路 43 号 100048）	
责任编辑	马世玉	
责任印制	赵　明	
印　　刷	北京天恒嘉业印刷有限公司	
经　　销	全国新华书店	
开　　本	787mm×1092mm　1/16	
印　　张	10.25	
字　　数	206 千字	
版　　次	2022 年 12 月第 1 版　　2022 年 12 月第 1 次印刷	
书　　号	ISBN 978-7-5221-2559-6	**定　价　76.00 元**

前　言

　　"电工学"是电气、机电、机器人、电子技术、机制、模具等专业的基础课。本书主要针对电工技术部分展开教学改革研究工作，该部分覆盖电路、磁路、电机、自动控制等多方面知识，且工程实践性较强。既要求学生熟练掌握电工技术的基本理论和基本分析方法，又能够活学活用地解决工程实际中的一些问题，从而为后续课程和未来走上工作岗位打下坚实的基础。课题组特意对课程的教学模式展开研究和探索，以提高电工技术的教学效果。

　　电工技术面向该院机电、机制、模具等专业开设，专业课不同，对专业基础知识的侧重点也不同。为使学生对所学知识有更清晰的把控，将电工技术课程划分为几个模块：电路模块、磁路与电机模块、自动控制模块、电工实验实习模块，教师按照模块讲授。开课前，课题组与各专业的专业课教师进行沟通交流，对电工技术的知识点进行适当调整，统筹分配各模块的学时比重，以适应不同的专业需求。

　　机电类电工技术对于学生来说是一门很重要的课程，学好这门课程，必须了解机电类电工技术课程的特点，明确其在教学体系中占据十分重要的地位。与此同时，要了解机电类电工技术教学中存在的问题，并分析存在这些问题的原因。明确机电类电工技术教学改革的有效方法，慎重选择教学内容，改进教学方法，改进教学手段，提高学生的学习效率，为学生以后的发展奠定良好的基础。

　　为了提升本书的学术性与严谨性，在撰写过程中，笔者参阅了大量的文献资料，引用了诸多专家学者的研究成果，在此一并表示最诚挚的感谢。由于时间仓促，加之笔者水平有限，在撰写过程中难免出现不足的地方，希望各位读者不吝赐教，提出宝贵的意见，以便于笔者加以改进。

目　录

第一章 电工技术

第一节 应用电工技术与实训技能

应用电工属于特殊工种，高校培养的电工人才必须具备合理的理论知识和实践思维能力，这是当今社会对电工人才最基本的要求。这门课程主要培养学生三个方面的能力，即实践能力、抽象思维能力和逻辑推理能力。本节主要论述了如何提高对电工人才的教育和培养人才的多方面的能力，提高学生在电工方面的专业技能和专业素质。

一、电类专业学生教育存在的问题

（一）教学内容太刻板导致大多数学生不理解

电工技术基础与技能是电工学重要的基础课程，这是一门理论与实践融会贯通的学科，由于其教育内容抽象、复杂、太过刻板，让人难以理解它复杂的原理。所以在教学过程中教学难度大，学生掌握这部分的知识很吃力，将其理论知识运用到生活中也十分地困难。电工技术基础与技能的基础和功能主要包括室内照明控制电路、电动机、低压配电装置、线路和有线直流电路、简单直流电路、复杂直流电路、电与磁、交流电路、电容器、变压器等内容，虽然只是一些基本的概念和知识，但是对于刚接触这门学科的学生来说，还是太过于抽象，很难理解和掌握。

（二）不能将理论知识与生活实践紧密结合起来

大部分学校对电类专业的教学过程中，教学方法往往很单一刻板，过分强调电气技术的基本原理和技能课程基础知识的解释，却忽略了理论知识与实践之间的联系。导致理论知识与实践相互脱节，枯燥乏味的理论知识根本无法调动学生的兴趣和积极性，一味地强调电工学科理论知识的重要性，让一门实践的课程变成了一门死记硬背的学科，这样一来，学生们就无法掌握重要的知识，也减弱了学生的主观能动性。

（三）缺乏电工类实训课程、平台和专业的实践仪器

我们在电子教学中，应用最多的是理论与实践的结合，实践出真知，我们只有将

所学的抽象的内容通过做实验去理解和巩固，才能理解它的原理从而灵活运用。对于一些实验条件较差的学校，缺乏相应的专业培训课程环节、平台和专业仪器，导致相当数量的实验只能在黑板或书本上进行。缺少教学的互动性，直接影响教学的效果，许多教师只能给学生讲枯燥难懂的理论知识，不能满足学生去参加实际技能的培训需求，这就导致学生无法理解其中的原理。

二、如何提高应用电工技术与实训技能

（一）提高学生的专业技能和教师教学的积极性

我们应该把学生作为教育和教学环境的主体，在每一次课程和实践中充分调动学生对该课程的兴趣，自学的积极性，实践成果的自身培养以及培养学生吃苦耐劳的传统美德。这要求教师多方面地鼓励和激励学生，当学生进行实践环节时，多把学生当作实践的主导群体，尊重他们的兴趣爱好，满足他们的内在需求，进一步增强他们的信心，帮助其完成实践任务。同时，还可以带领着学生参观和考察有关电的工厂和企业，了解情况，增加知识，增强信心，提高学生们的兴趣和积极性。

（二）学校应加强电工类实训环境的改善

随着现代实训室的发展，我们不断地调整教研室，实训室建设方向要注重实用性，尽量使它适应企业的建设环境，让学生们在实验室处于一种真实的企业电工环境中。与此同时，应进一步完善教育设施，学生在训练中要注意培养自己熟练的操作技能，充分地利用校园内提供的场所和实验室等原有的实践基地，保证每个人在教育过程中都有自己的位置，保证自己有实验可做，有实验去探究，为学生创造实践的空间和舞台让学生在学校培训过程中可以模拟企业的电工生产环境，进一步切身感受电工课程的魅力。

（三）加强学生在实践过程中的自主探究能力

学生可以独立设计电路，在设计过程中与其他组员讨论，制订出最终的电路设计方案。在这个过程中，学生们既可以发挥个人的能动性，又能培养团队精神。学生们交流互学后，由每个团队的代表展示组员设计的电子电路方案。然后教师和学生共同探索优化设计出来的电子电路方案，帮助学生形成科学的思维方式。在讨论出来的几种新方案中，分析每种方案的利弊，探讨原因，最终选择最完美的方案。最后，在老师的带领下开启下一次新的课题。

（四）积极提高电类专业实训教师教学水平

决定教师质量的主要因素是教师的实际教育能力和水平，在当今的社会发展过程中，教师不仅要带领学生取得实践教育的成果，还应该将自身发展成为学习理论和实

践理论的"双重教师"。实践教师不仅会教给学生有关的专业知识,还具备及时发现问题,处理问题,分析问题,总结问题,找出弱点的能力。从开始教学生们简单的专业技能,到后来知识程度逐步加深,都能让学生们很好地掌握和运用。最后,掌握和使用知识是学生们的自由,达到专门的知识教育才是教师教学的最终目标。因此,专业课教师要不断吸收新知识,提高创新实践的能力,在实践教学中运用教学技巧,积极参与企业实践活动。只有教师和学生们一起不断地进步学习,才能培养出学生们更好的专业实践能力。

实践是检验真理的唯一标准,探究式教学则可明显激发学生学习该课程的兴趣,使学生能学会自主分析问题、解决问题,并提高学生们的动手能力。因此,在今后的电工电子技术基础与技能课程中,教师可以在传统教学模式的基础上辅助运用探究式教学模式和理论与实践相结合的方式来培养学生的实践能力、动手能力、创新精神以及研究能力,促使学生能在探究式学习中不断对问题进行分析、讨论、探究,提高学生在电工方面的专业技能和专业素质,为国家培养更多的电工技术方面的人才。

第二节 电工技术的改革创新探析

电工技术发展进程中,已经经历了一定的历史时期。新型的电工技术的出现,改善了传统电工技术中的不足,并且运用到我们的实际生活当中,使得我们的当前的生活水平有了质的提高。

当前随着科学技术的不断发展,电工技术被运用的领域更加广泛,如交通运输、工业品生产以及电力制造业等。电工技术的广泛运用,对于人们的日常生活和工作起了更积极的作用,同时也在一定程度上促进了社会发展。而电工技术的创新作为适应新环境必不可少的一项工作,同样不容忽视。

一、电工技术发展进程

电工技术起源于19世纪30年代,由于电工技术在生活中的运用,使人们步入了电气化时代。与此同时,与电工技术相关的工业品也开始广泛生产,并被人们运用到日常生活中。20世纪,电工技术有了进一步发展,并开始运用于食品和医学等领域。电工技术与化学、物理等学科相结合产生了新的学科,并且被相关院校应用到实际教学中。然而,电工技术在不断的发展过程中也存在一些问题,如电工相关工作人员的综合素质比较低、技术更新不及时、相关电工技术管理技术不规范、电力设备陈旧等,这一系列问题的出现,导致电力技术工作在正常发展和寻求创新时都面临一定压力。

二、电工技术发展现状

电工技术发展到现在，在多个领域已经取得了杰出的贡献，而且为人们的日常生产生活带来了很大的便利，使得人与人之间的联系更加密切。随着电工技术在我国发展中已经取得了一定的成就，这些先进的技术也在人们的日常生活用品中得以体现。如手机等智能产品触摸屏、中小型电机、变频器和PLC（可编程逻辑控制器）设计等新型技术。但是就整体水平而言，与其他国家相比较还存在一定的差距，这种差距不仅体现在工业产品生产中，还体现在新型的技术创新和研究领域中。

三、电工技术的改革创新措施

纵观事物发展规律，新事物的出现总会占据生存优势，而旧的事物往往会被取代或淘汰。对于电工技术发展而言亦不例外，为满足社会的发展需要，电工技术只有不断地发展，在技术上进行创新，才能更好地为人们服务，得到社会大众的广泛认可，并且为社会创造出一定的经济价值，促进人类文明的健康发展。

（1）电工技术在相关领域的创新：首先是生产领域的创新。一定程度上，科学技术的发展能够转化为生产力，而相关工作人员也严格遵循这一理念，将更多科学技术切实加以运用，为人们提供更好的服务。如新型的磁性材料和超导技术则是在电工技术的基础上发展起来的，从而减少了核磁共振生成图像的费用，继而在多个领域得以推广。医学方面的运用则是使用其超声波技术，可以对结石病人进行手术治疗，使我国医学技术水平有了进一步提升。其次是驱动领域的有效创新。目前，在机械领域，使用电动技术更加普遍，如电力公交车、电动汽车、电动摩托车等。与电工技术相关的生活产品仍在多向扩展。依照当前的发展趋势而言，不久的将来，电工技术相关的产品将会占领优势地位，从而替代以牺牲环境为代价的汽油等化学燃料，保证社会稳定、健康的发展。

（2）绿色能源在电动技术中的应用：电工技术在未来的发展过程中，如果考虑长久的需要，则要认识到再发展对于我们生存环境带来的影响。未来的发展中，则会更注重电工技术绿色能源的开发，如水能、风能、太阳能和地热能等。而一些对环境有破坏性的资源如石油、汽油等燃料将会逐步被摒弃，因此绿色电工技术的开发和应用更符合未来社会的发展需要。电力技术作为一项与社会发展息息相关的工作，也引起相关部门的足够重视，相关政策也引导和督促电工技术研究部门开发绿色能源技术，以保证在不破坏当前生存环境的基础上，满足人们实际生活的需要。

（3）培养一批高素质电工技术人员队伍：电工技术经过长时间的发展，当前已经被运用到了多个领域，而且专业知识也有了深层次的提高，特别在一些高、精、尖产品的运用上，对于电工技术人员的专业知识和素质有了更高的要求。因此，迫切需要培养一批有专业知识的人员，来解决实际生活中遇到的产品问题。与此同时，要求电工技术人员具备一定的英语知识和一定的阅读、理解能力，对于先进的国外经验进行及时的吸收，以便在解决问题的同时，可以对技术进行有效的创新，符合发展的需要。此外，要培养电工技术人员的创新能力。通过以往的实际经验可以认识到，一位优秀的电力技术人员，只有不断去学习新的知识，并在工作中发现问题并进行一定的创新，才能将一些先进的理念运用到产品中去，为人们的实际生活提供更好的产品服务。也只有在工作中不断地进行创新，才能符合新的发展需要，从而不被现实淘汰，实现自己的价值。

总而言之，科学技术的发展有利于提高我国的生产力，从而能提升我国的综合实力。而电工技术作为我国科学技术发展中一个不可或缺的组成部分，足以引起相关部门的重视。在电力技术发展过程中，只有不断创新，为其提供一个稳定而可持续发展的环境，才能提高电力技术的水平，从而在激烈的国际竞争中处于优势地位。

第三节　电工技术在电力系统的实践性

如今的社会已逐渐步入科技信息化的时代，各行各业都在发生着潜移默化的改变，传统的经营模式、生产方式被逐渐取代。随着电子信息技术应用的不断普及，电工电子技术也开始被广泛应用，其在电力系统建设中的应用实践成为当前电力系统研究较难的课题。文章深入分析了电工技术的主要特点及积极影响，总结了其在电力系统中发挥的重要作用，在此基础上讨论了电工电子技术在电力系统中的应用问题。

电工电子技术是近年来才开始兴起的一项新技术，是由多项专业领域知识概念相结合而成的综合技术，它在电力系统中的主要作用是有效地提升能源供应效果。目前，我国正处在科学技术和社会经济飞速发展的重要阶段，国家发展建设所需要的能源也越来越多，而电力行业则是我国现阶段能源供应的主要行业，它的行业进步对我国的发展和建设有着极为重要的影响。与此同时，电工电子技术的应用，能有效地解决当前我国能源不足的问题，推动整个电力系统的运转，促进我国电力事业更好地发展。

一、电工电子技术特点

随着我国经济的发展，传统电工技术已无法满足当下电力系统日益增加的需求，因此研究人员需要对更加科学实用的电工技术进行探索，最终把电子信息技术与电工技术相结合组成电工电子技术，相比于传统的电工技术，它变得更加合理高效，同时具备了诸多特点。

（一）集成化

现代的电工电子技术对技术上的要求十分严格，在操作上也十分精细，它要把所有的单元器件全部安装到一个小小的基片上，并使它们并联起来，从而实现高度的集成化。相比于传统电工技术在零件上单独地安装，电工电子技术的成品更显整体性。

（二）高频化

提高电工电子产品的频率能够提高工作效率。如电力晶体管只能在 10 kHz 的频率下正常运行，而绝缘栅双极晶体管则能够在高于 10 kHz 的频率条件下正常运行。如此一来，便可以大幅度地提升成品器件的运行速度，以此提高整个系统的工作效率。简单地说，高频化就是器件本身可以承受更高频率的能源输入，并将其转化为自身的效果输出。

（三）全控化

电工电子技术的全控化是电力系统应用中的一项重大的突破，它主要表现为半控型普通晶闸管在电力系统中的位置被现代化的电气元件所取代。这一突破推动了现代电子元件替换传统电子元件的进程，大幅提升了整个电力系统的运行效率，同时简化了线路设计，方便了相关工作的开展和进行。

二、电工电子技术应用的必要性

（一）电力系统安全稳定的需要

电工电子技术相比于传统的电工技术，它具有的电能优化整合的优点使得电力系统的整体性能大大提高。与此同时，它还最大限度地提高了电能的利用效率，减少了电力系统的能量损耗，为电力企业节约了大笔资金，这也是电工电子技术被大规模推广的主要原因。

（二）电力行业向高端行业发展的必经之路

随着我国科学技术的不断发展，各行各业的传统工作模式必然会有所改变，电力行业也不例外。现代电工电子技术是基于计算机网络实现的，它将高端的电子技术和传统的电工技术结合，并加入了计算机网络控制技术，从而实现了电力系统行业的机电一体化，既简化了操作步骤，同时也能够更好地保证工作人员的生命安全。这是一次具有里程碑意义的系统革命。

（三）创新发展的必然选择

纵观历史，无论各行各业，墨守成规、闭门造车终究不会有好的结果。不懂得创新、不跟随时代的脚步寻求突破，其结果只是被历史飞驰而过的滚滚车轮所碾压。就目前情形来看，电工电子技术是当下最适合电力系统行业应用的一门技术。它集时代性、创新性、科技性于一体，符合时代潮流，同时具有明显的后续发展性，有利于产业进一步的发展突破。因此，电工电子技术的广泛应用，是电力行业在当今时代寻求发展创新的必然选择。

三、电工电子技术应用带来的影响

（一）有效提高电能利用率

电工电子技术在电力系统中的应用，极大地提高了电力能源的利用率，使得电能的使用分配变得更加科学合理，不仅能够保证系统合理正常的运行，同时还能优化电力系统中各项资源的分配设置，从技术层面为电力系统的高速运行提供了有力的保障。

（二）促进机电一体化发展

科技的发展带来了各种各样的现代化技术，它们在各行各业的投入和使用，促进了行业的发展，电力行业也是如此。电工电子技术以计算机网络技术为基础，形成了机电一体的新型操作模式，既加快了电力系统的运行速度，同时也为工作人员的生命安全提供了更加坚实的保障。

（三）促使电力行业向智能化发展

智能化发展对电工电子技术也有着一定的影响，当电工电子技术被应用到电力系统中后，这一影响带来的变化开始变得尤其突出。为了满足电力行业与时俱进的发展要求，电工电子技术也开始向智能化方向转型，二者相互协调统一，使得电力系统能够快速发展。

四、电工电子技术的应用实例

（一）发电环节

在发电环节，电工电子技术的主要作用是提高发电机组的使用效率，同时改善其传统的运作模式。目前，主要涉及电工电子技术并被广泛应用的设备有静止励磁、变速恒频励磁、机泵的变频调速器以及太阳能系统等电力系统的发电环节设备。

（二）输电环节

在输电环节中，许多技术和设备的应用也都涉及电工电子技术。如输电技术中的柔性交流电输电技术和高压直流电输电技术，它们极大地增强了电流在输送中的安全性和稳定性，同时降低了企业的电力运输成本。还有电工电子技术中的静止无功补偿器，它能够以晶闸管为基础代替传统的电气开关，准确而迅速地控制用电设备，只是该设备对于技术研发层次的要求较高，以我国目前的科研水平难以达到，尚处于研发阶段。

（三）配电环节

电能质量的控制是我国当前配电环节最急需解决的问题。配电本身是一项极为复杂烦琐的工作，它涉及配电系统在电流、电压、频率等各个方面的把控，技术要求极高。而电工电子技术在配电系统中的应用能够在一定程度上解决这一问题，它简化了操作系统，提高了配电过程的安全性、稳定性，从根本上保证了配电的质量。

随着电力系统行业的不断发展，电工电子技术将会被更加广泛深入地应用。现阶段，我国依旧在不断地研究电工电子技术，距离世界一流水平还有着一段很长的路要走。电工电子技术在电力系统方面的应用，需要我们加强科学讨论、努力建立理论基础、大力推广科技创新，共同为国家电力行业的发展尽一份力。

第四节　电工技术的发展与电磁兼容性

我们都知道，在国家高速发展的今天，技术应用水平的提升代表着工程建设质量的不断提升，由于电工应用会给环境带来一定的电磁问题，电磁环境恶劣会阻碍电工技术的进步，从而导致我国经济建设受到阻碍。所以说，利用科学有效的方式改善原有的电工技术应用能够很好地保证技术应用环境，更重要的是可以确保我国社会的稳步建设，本节主要论述的就是电工技术的发展和电磁兼容性的改变。希望通过本书的论述，能够给我国相关部门提供有价值的参考。

一、电磁兼容概述

提升电工技术应用水平至关重要，然而要想保证电工技术能够持续稳定的应用，就应该消除电工技术应用引起的电磁干扰问题，目前使用的最有效的技术就是电磁兼容技术，这项技术的应用，能够确保电气设备的使用更加规范和统一。

要想深入明确电磁兼容技术的应用重要性，首先应该理解什么是电磁兼容技术。所谓的电磁兼容，就是一种能够确保电气设备顺利使用的电磁环境，这种环境和电气设备相互兼容，以提升电气设备的使用效率。也就是说，使用电磁兼容技术，在电磁干扰的情况下提升电气设备抵御信号干扰状况，确保电气设备的噪声不受到损害。一般情况下，目前使用的电磁兼容技术并不是单一一种形式，主要分为电磁信号、电磁噪声和电磁干扰三种形式，应用这三种不同的形式需要应对不同的情况，只有使用最合适的方式，才能够提升电磁兼容技术的应用效率。但是电磁兼容趋势的形成需要满足两个条件，首先应该保证电气设备拥有一定的抗干扰功能，即保证电气设备的电磁敏感度极高；其次，由于电气设备应对电磁干扰是有限制的，所以一旦电气设备达到相应的峰值就能够确保其不会改变。

二、电工技术领域中的电磁兼容现象

提升电气设备的应用效率不仅仅能够促进电工技术的发展，更关键的是可以提升我国人民的生活和生产质量。所以应该重视电气设备的使用环境，防止电气设备安全性受到威胁。由于电气设备受到的电磁干扰具有不确定性，电气故障的发生一直处于随机状态，但是即使这样，电气设备具有自行恢复原功能的特点，在一般情况下，电磁干扰对电气设备的损害程度比较低，电磁兼容具有很好的保护作用。不同种类电磁兼容的应用技术有以下三种：

电动汽车。当今社会环保理念的普及促使电动汽车的出现，为了更好地提升环境质量，就应该重视电动汽车等不需要燃料供给的交通工具的使用。电动汽车最大的特点就是没有内燃机，所以不存在尾气排放，正因为如此，环保事业才能持久发展。人们广泛使用电动汽车能够有效改善空气质量是众所周知的，但是使用电动汽车会造成电磁环境的干扰，这种电磁环境的改变却没能得到人们的关注。通过实验证明，针对燃油汽车而言，内燃机会对电磁环境造成影响，随着电磁噪声的增多，汽车数量也会随之而呈流线型增加。而使用电动汽车虽然不存在内燃机和点火系统，但是即使这样，电动汽车中低电压驱动系统和控制系统也会对电磁环境造成干扰。所以说，改善电动汽车的电磁兼容问题是非常关键的。

高压输电线路。使用高压输电线路会造成电磁干扰，最主要的原因就是高压输电线会出现电晕、火花放电、工频电磁场等情况，这样一来，高压输电线路影响电磁环境就会带来一定的危险。如果不能正确操作，电磁干扰强度会随着电压等级上升而发生变化，如果电磁干扰强度达到一定值，就会出现危险。所以说，应该将电气设备提高至更高的电压要求，防止出现电压危险造成的不良影响。

电牵引系统。所谓的电牵引系统就是泛指从地面获取电能，比如，城市电车和地下轨道等电气设备，都是从地下获取电能从而供应其正常运行。但是电牵引系统会出现连续的电磁噪声和脉冲噪声等不同形式的电磁干扰现象，从而污染电磁环境。

三、电磁兼容问题的解决方法

解决电气设备的电磁兼容问题的首要条件是，找出电磁干扰的发出来源。一般来说，产生电磁干扰的主要原因有四个：电源传导 P（f）干扰、信号传导 S（f）干扰、电磁辐射 E（f）干扰、地线传导 G（f）干扰。将各种干扰用统一的 N（f）来表示，那么 N（f）

的值就等于以上四种干扰值之和。电气设备的电磁兼容性能主要包括经电磁兼容设计之后，设备增加的电磁兼容门限，以及自身设备本来所具有的电磁兼容门限这两个部分，不同的干扰源对设备的安全余量的要求也各不相同。

在改善电磁兼容问题的时候，要提早进行电磁兼容设计，因为初期设计手段越多，越能提升后期效果，而且费用也会相对较低。要想保证电磁兼容设计合理，一定要确保设计满足以下三点要求：第一，使得相应的电气设备干扰强度低于固定的限制值；第二，保证电气设备中的电路不会相互干扰；第三，确保电气设备能够应对周围产生的电磁干扰，并且对电磁干扰有一定的抵抗能力。

四、电磁兼容的发展趋势

城市的电磁能量密度不断增长，所产生的电磁干扰也会进一步增加，会产生一定的电磁环境污染。因此，电磁兼容技术的发展趋势是严格控制电磁干扰的释放。与此同时，随着电子信息网络技术的不断发展，信息系统也和电气设备有了交叉学科，因此基于电子信息系统的 TEMPEST（一系列构成信息安全保密领域的总称）技术也将会是电磁兼容在电气设备领域中的发展趋势之一。TEMPEST 技术的主要内容是针对电子设备的电磁干扰问题和信息泄露问题。最后，从电气技术领域出发，电磁兼容学科范围将不断扩张，进一步涉及电子技术等专业。因为电磁兼容的问题会逐步对电气设备周围的环境产生影响，有些专业学者则认为电磁兼容学科将会发展为环境电磁学。

随着技术的普及，电磁兼容问题出现的频率也逐渐升高，而本节主要探究消除电磁兼容问题的措施，希望可以真正地改善目前的现状。利用电磁兼容技术能够很好地消除由于使用电气设备而引起的电磁干扰问题，不断规范电气设备的使用，为提升电气技术的应用提供了良好的前提。重视电气技术应用和电磁兼容是非常关键的，不仅仅会影响到技术的应用环境，更重要的是会影响国家经济建设的水平。总而言之，要想提升电气技术的应用水平，就应该利用科学有效的方式提升电磁兼容技术的引用范围和效率，只有这样才能够从根本上消除电气技术应用带来的电磁干扰问题，才能够促进电气技术的广泛使用，从而显著提升我国的经济建设水平。

第五节　当前对维修电工的技术要求

新技术的不断产生给我们的生活带来了许多便利，同时我们为了提高生活质量，也引入了很多的家具电器。这些家具电池的应用必然会存在维修的问题，但是网络时代的快速发展，让维修工面临巨大的挑战。这些挑战并不仅仅是对于维修技术的挑战，而更多的是对于维修工人素质的一次挑战。如何能够更好地解决这些维修问题，能保证一些器件的正常运行，是当前主要的任务。目前为了改善这种情况，首要的任务就是提高维修工人的技术水平和知识储备能力。

本节我们将简单地介绍维修工人在以往社会维修过程中和现代社会维修过程中的差异，以及需要改正的一些方面。从以往社会中维修工所获得的技能情况来看，普遍的现象就是技能获取的方式比较落后，技能存在的形式也比较单一，还有就是没有能够跟紧时代的步伐及时地提升自己的技能和丰富自己的知识。所以当下，我们希望一个维修工能有更高的素质和涵养，在储备丰富的知识后，能够从事更为精细的维修工作。

一、以往社会中，维修工所获技能的情况

（一）技能获取方式的落后

根据中国以往的技术传授方式，往往停留在口口相传、师徒相传的形式。然而随着现代社会的进步，这种方式已然行不通。现在是网络时代，随着各种信息技术的不断涌入，我们的家电、家具都会引入这种元素。那么以往的传授经验，如口口相传、师徒相传，显然是有弊端的，因为这种方式所提供的维修范围狭窄，新技术的引用又不在它的范围之内。这样对于维修工来说，技能上存在缺陷，技能范围不能扩展，对于维修一些用品将会存在问题，这也将会对他们的工作带来阻碍。另一方面，对于请维修工的家庭来说，可能也会存在一些隐患，花费了钱财却在维修上存在一些争议，造成一些不必要的冲突和矛盾。所以在新时代，我们需要更高素质的维修工来进行这项工作并确保把这项工作做到完美，并且保障我们的安全。

（二）技能没有与时俱进

以往社会中存在的主要现象是维修工普遍的工资较低，他们的平均素质也不高，掌握的知识也不够。这样，他们在学习技能的途径中遇到了很多的阻碍，使他们不能拥有更高的、更精湛的技术。维修工人对技能掌握的重视程度也不够，只是满足于现有的技术去运用于各种场所，没有了解新技术的产生可以带来更大的效益，不仅能节约时间，还能节约金钱，在安全和质量上都有较高的提升。例如，现在的家具维修工如若还停留在20世纪，那师徒相传的那些技巧当然是人类智慧的结晶，但是随着新时代的发展、新技术的涌现，一些新的机器和一些新的方法能够更快地维修家具，不仅解放了劳动力，而且能够极大地缩短时间。这些现象的出现主要是由于维修工人在潜意识中并未意识到技术的提升是一件非常重要的事情，运用新技术和新的作业工具也是技术提升的一个方面。所以想要真正的改变这种现象，那就需要提高维修工人对这方面的意识，提升维修工人自主学习新技术和新器械的能力。

（三）获取技能的单一化

维修工人以往获取技能的方式途径单一，在现在多元化的社会，我们需要能够有一种能力，能够从多方面获取技能，并将这种技能运用到我们的工作生活中，这是一种素养的提升，也是维修工需要改变自己的地方。现在这个信息非常发达的社会，我们获取信息的方式多种多样，不会再拘泥于单一的途径。单一获取知识的途径大大减少了维修工人就业的机会。现在维修的器件不仅仅局限于家具等简单的物件，由于各种新家具的使用，我们现在更需要的是技术型的维修工，能够对我们损坏的一些家电进行维修，这类很有专业性的维修工在市场上非常急需。然而他们如果能够完成这些高难度的工作，那么他们自身的知识涵养一定很高。他们在技术的获取上可能会了解一些电学，知道物理结构的单线等。所以希望维修工人能够在获取知识的途径上有所扩展。

二、在新世纪新时代，维修工的技能提升方向

（一）扩大技能学习途径

根据以往的学习方式，维修工可以通过报考一些职业学校进行相关方面的学习和了解。这应该是大部分维修工会选择的途径，因为这种途径可以教授他们更为广阔的知识，并且在应用方面也能够做得更好，这样也会避免很多的麻烦，因为自学的过程中会遇到很多的困难，也有很多的困惑和不解，所以说自学是一个很艰难的过程。如果维修工有一些简单的工作需要完成，没有大量的时间去学校进修，他可以选择一些新的途径学习。现在的网络非常发达，网上学习也是一种热门的途径。我们可以很好地利用这种资源进行网络自学，但是这种学习途径唯一的缺陷就是对自学能力的要求很高，对自我的控制能力也要求很高。以往传统的师徒相传的方式并不是说现在就已经被淘汰，只是在形式上很传统，在时间的利用上也比较慢。但是这种形式不会被抛弃，因为有经验的大师，他总会有自己的创新，这样就可以交给新的维修工，让他们能够更好更快地入门。对于维修工来说，如果想要扩展自己的学习途径，方法还是很多的，这就需要他们能够专心地学习，认真地应用。

（二）提高技能的创新意识

由于技术的不断发展，我们需要维修工做的并不仅仅是简单的维修家具与维修电器，不能仅限于传统的技能。现在的社会，一切都在讲究创新，因为创新会使社会进步，创新能给人们带来更好的生活，所以在各个方面人们都会要求创新上的进步。中国的工匠精神是我们一直在传承的，相信我们的维修工人也会有这种坚毅、吃苦的精神，能够在维修方面创造出自己的一片天地。

（三）丰富技能的多样性

我们知道技能的丰富非常重要。如维修工掌握一项技能就能完成一种工作，但是掌握多种技能的组合，他就可以完成上千种工作，这就是我们所说的重复利用、多样组合的重要性。首先，维修工人需要在这方面提高意识，将技术不断地修炼得更加精湛，能够更加随意地组合和利用。这样在施工的过程中，维修工人可以很随心地将最简便、最快捷的方式，以及最安全的结果呈现给大家。既然技术需要丰富多样，那么我们的知识也需要丰富多样。这就要求维修工人的知识储备丰富多样，他们需要学习的内容也非常的广泛，因为在维修的过程中遇到的不仅仅是一方面的知识或两方面的知识，更多的是知识的融会贯通。

第六节　电工技术实践中常见故障分析

电工学实验室是电工技术的重要培训场所，是教学生电工学相关理论课程的基地，学生在这里不仅学习到理论知识，还可以进行实践操作，提高技术操作水平。但在实验室授课，由于学生的人数比较多，很有可能存在设备短缺的问题，加之学生的实验设备操作不够规范，或者对实验的操作过程不是很熟悉，会存在操作失误的问题，导致实验失败。电工技术教学的效率要有所提高，对于电工实验中所存在的各种问题要逐一进行解决，提高电工技术实验的质量和效率。

一、电工技术实验中，毫安表的故障问题以及解决措施

直流毫安表主要安装在电气技术实验设备上，在数字直流毫安表的安装和外部接线时对技术没有很高的要求，即便接线不正确，电流表上会显示出来。数字直流毫安表有三个端子，两个正极、一个负极。其中负极处于顶部的位置，两个正极所代表的是两个不同的电流值。A 极的电流值要小一些，是"0"，其他的两个中一个是 2 mA，一个是 20 mA。其中，20 mA 的 B 端有很大的电流数值，分别是 200 mA 和 2000 mA。直流毫安表运行的过程中，存在的故障如以下三种。

当直流毫安表发生故障时，电压表读数但电流表不读数。出现这种情况时，很有可能是由于连接线路过程中，正极柱的连接错误，量程的选择不正确，已经超过电流表可检测的数值，使得电流表不能发挥作用。当这种故障发生的时候，要将电源快速切断，修复接错的电路，正确连接后，问题得以解决。

电流表的小流程读数，但大量程不读数。当发生这种问题时，是由于对应大量程的小电阻值存在问题。电流过大，随着绕线焊接处氧化电阻值发生变化，电流表上显

示的数字也随之发生变化。如果出现严重的氧化问题,信号接收不良,就会出现大量程不读数的问题。需要采取的措施是卸下绕线电阻,清理端口之后重新焊接即可。

电流表的按钮不能很好地发挥作用,这是较为常见的。当存在这种现象时,就要检查是否存在电流表的量程切换过于频繁的问题。由于按钮长期使用出现了老化,也会导致按钮失灵。当电流表出现这种问题时,在没有原件的情况下,按下按钮不能自动弹回,可将按钮拉到原来的位置。如有原件可将老化按钮更换即可。

二、电工技术实验中,直流稳压电源的故障问题以及解决措施

电工技术实验中,直流稳压电源存在故障问题时,就要认识到可调电源的重要性。对于不同的可调电源,要对故障具有针对性地分析,提出解决措施。可调电源主要包括可调电压源和可调电源流两种。

(一)可调电压源的故障问题以及解决措施

可调电压源的故障问题主要体现在电压源的输送电压调节范围发生了变化。由于范围变小了,就必然会导致一些问题产生。电压源的正常输送电压范围在 30 V 以内,在这个范围内是可调节的,如果电压源存在故障,调节范围就在 10 V 以内了。此时如果认真观察可以发现,两条路线不会都出现问题,通常是一条路线存在问题,就要对两条线路上所连接的电路板进行检测,对存在的问题加以确认。电路板没有问题之后,就要对电位器与电路板之间的连接线进行检测。在检测的过程中,采用排除法,效果是比较好的。电位器的检测过程中,发生故障的位置确定下来之后,更换已损毁的零部件即可,可以排除故障。

(二)直流电流源不能对外提供电源的故障问题以及解决措施

存在这种故障的主要原因是,当电源流量开关已经打开时,如持续很长时间都没有外部负载,此时电源的流量对大负载不具有承受能力,电路中所安装的保护装置不能起到很好的保护作用,电源流量不会向外部传输功率。这种故障须采取的措施是将电源拔出、冷却,将原有的记忆消除。当故障排除之后,电源恢复正常状态。此时,电源启动,将外部负载接好之后就可以正常使用了。

在电源的检测过程中,还要对电源进行技术维护,但须要严格按照原则进行:其一,对电源的开路要采取必要的防止措施,当电源持续开路状态时,时间过长,连接设备的线路过热,就会将设备烧坏;其二,对设备所处的运行状态进行观察,如在运行过程中发生故障,就要及时关闭设备,特别是关闭总开关。当设备运行停止后,就需要明确故障所在位置并采取相应的维修措施。

三、电工技术实验中，受控源的故障问题以及解决措施

电工技术实验中，受控源发生故障是比较常见的，需要对相关的问题进行深入分析，采取有效的解决措施。

其一，当受控源处于带电的情况下，实验中所获得的数据信息不够准确。此时，维修技术人员要对电源进行检查，如果没有出现问题，就要对连接线进行检查。当各项值都没有误差时，与其他正常设备进行比较，如果受控源的开关没有启动，就要对开关线路进行检查，往往会发现有一处焊接不够牢固的问题。故障位置确定下来后就可以进行处理，将线路重新连接，正常使用。

其二，受控源通电之后，电压表的读数是零。出现这种故障时，就要对电工技术设备进行检查，包括电源、连接线以及开关等都要进行检测。如果检测结果没有问题，就要从经验角度出发，检查受控电源板上所连接的电阻容器以及有关的零部件。如果检查都合格，就说明芯片存在问题。拆下芯片，将新的芯片换上，开机启动，如果一切都恢复正常，这就意味着芯片存在问题。

四、电工技术实验中，受控源的负载连接问题以及解决措施

电路负载连接的过程中采用了灯泡组，主要采用两种连接方式，即星型连接方式和三角型连接方式。在平衡负载实验的过程中，如果存在负载接法不一致的问题，或者存在灯泡串、并联不一致的问题，就会导致实验结果不够准确。由于中性线缺少，就会导致某个灯泡电压瞬时增大，灯泡被烧毁。

电工技术实验中，由于各种因素的存在导致故障问题是比较常见的。当设备或者零部件存在故障的时候，就要对故障发生的原因进行详细分析，有针对性地采取有效措施及时排除各种故障。

第二章 电工技术教学概述

第一节 电工技术教学问题

机电类电工技术对于中职生来说是一门很重要的课程，这门课程重视学生专业能力的发展。机电类电工技术这门课程中有许多的专业性很强、非常难理解的概念，而且这门课程的内容能够广泛地应用于生活当中，实用性很强。学生学好本门课程，必须重视这门学科，理解并掌握概念性的知识，勤于动手将知识应用于实践当中。

一、机电类电工技术课程的特点

以机械工业出版社出版的《电工技术基础与技能（电气电力类）》为教材开设的课程是中等职业学校电气电力类专业的一门基础课程，在教学体系中占据十分重要的地位。其任务是：使学生会观察、分析与解释电的基本现象，理解电路的基本概念、基本定律和定理，了解其在生产生活中的实际应用；会使用常用电工工具与仪器仪表；能识别与检测常用电工元件；能处理电工技术实验与实训中的简单故障。它为学生学习后续课程以及毕业后从事相关工作打下一定的基础。随着现代工业技术的飞速发展和计算机技术的迅速普及，它已经成为所有中职学生的必修课程之一。

课程教学内容突出知识的应用，降低理论难度，强调知识在生产生活中的应用性和实践性。因此，要适度引入新知识、新方法、新工艺和新技术，满足实际工作岗位的需要。要加强技能训练，体现职业特点。要设计与生产生活、工程技术有关的应用性实验和实训项目，将实验和技能模块与理论内容有机整合，体现"做中学、做中教"，也适应项目式、任务式等教学方式改革的需要，以学生发展为本，好学易用。

二、机电类电工技术教学存在的问题

（一）考核形式单一，不利于学生综合能力的提高

机电类电工技术和生活息息相关，想要学好这门课程，学生必须课上认真听讲、勤于动脑、充分理解专业性的概念。在理解课程概念的前提之下，理论与实际相结合，多

动手，提高操作技能。对于这门课程，我们采用总分一百分的机制，卷面成绩占七成、课上的表现占三成。这样会造成一些学生过度地重视笔试的成绩，在考试之前临时抱佛脚，死磕书本，不利于学生的综合能力的提高。

（二）教学方法不能与时俱进，不利于激发学生的学习兴趣

通过调查研究的一些数据显示，越来越多的学生有厌学情绪。对于厌学有很多原因，其中有学生自身的原因，比如，学生从小打下的基础不牢固，自我控制能力很差，没有学习的兴趣。但不可否认的是，学生厌学，教师也有一定的责任。教师的教学手段和方法也应该随着时代的发展与时俱进，而不是一成不变地用以前的方法，自己讲授，学生听，而是应该让学生成为课堂的主人，充分考虑到学生的切身感受，多和学生进行互动和交流。除此之外，教师应该用心备课，让教学的内容更加丰富，让学生提高学习的兴趣。

（三）教材的概念性强，不利于学生实践能力的培养

职业教育中，理论应该服务于实践，理论知识是为了方便学生理解性地进行技术操作。但是现在的一些教材内容复杂、难懂，都是一些高深的理论推导，并不实用。教材的内容没有时效性，很少注入一些新的研究成果，导致学生的视野比较狭窄，不利于学生的发展。

三、机电类电工技术教学改革的有效方法

（一）慎重选择教学内容

首先，根据机电类电工技术的教学目标，选择适合的教材。现在很多学校都认为名校的教材好，其实并非这样，适合的教材才是最好的。名校的教材大多理论性强，不能够及时地更新，不能够很好地反映当下新的一些技术研究成果、新的材料和工艺，不利于技术型人才的培养；其次，为了培养职业技术型人才，必须慎重选择教材、精心设计教学内容。机电类电工的应用比较广泛，所涉及的知识也非常地多，但是学校的学习时间十分有限，所以必须有目标地选择教学内容。

（二）改进教学方法

在教学这个环节当中，要用心，提前查阅资料、提前准备好课上要用的实例，用事先准备好的案例进行课程的导入，激发学生的学习兴趣，一步步地递进，将学生要掌握的技能融于课堂之中，切忌不要让学生学习的理论脱离实际。在学习了机电类电工技术以后，学生能够准确地分析出电路存在的问题，但是真正运用于生活当中就会出现这样那样的问题，甚至电路都不会连。案例教学法从根本上解决了学生动手实践能力差的问题，课堂上以学生为主体，重视培养学生的自主探究、合作交流的能力，同时也

有利于学生的创造能力的培养。如果案例教学方法应用得当，会提高学生的学习热情，让学生的学习效率得到显著提高。但是用案例进行教学也要充分考虑到两个因素：首先，选取的案例要与生活相关，才能够让学生有学习的动力。其次，选取的案例要和课程内容联系密切。

（三）改进教学手段

想要让学生学好机电类电工技术这门课程，还要求教师改变传统的教学方法。要根据教材的内容选择合适的教学方法，只有这样才能让课程体制改革进行得更加顺利，在课堂的教授过程中，教师不再只是使用板书的方法进行教学，而是有效地利用学校已有的教学资源，比如，运用多媒体教学，充分利用网络传授知识。比如，在讲步进电动机的结构和工作原理的时候，如果使用板书的方式很难将电动机的结构展现出来，就是画出来，画得不好必然会影响学习效果。但是，如果使用多媒体，通过 PPT 展示图片和播放 Flash 动画（网页动画设计软件）的方式，就能很直观地展示电动机的结构，也可以将各个部件的图片分别展示给大家，还可以将电动机的工作原理用动画的方式生动形象地表现出来。通过提前制作课件，使用多媒体播放，节约了课堂时间，提高了学生的学习效率。教师在讲授单管的共射极放大电路时，工作点的设置要恰到好处。尽管我们可以用现代化教学手段辅助，如用 PPT、VB 语言（计算机编程语言）等制作的课件进行讲解，可以方便学生理解，但学生还是觉得不够直观。Multisim（电子电路仿真设计软件）可以解决这一问题，让学生仿佛亲自操作一般，可以对这堂课有更深的感悟和体验，体验到工作点设置的重要性，一些比较难理解的电路知识可以更加容易地被学生理解和掌握。

总而言之，机电类电工技术是一门综合性很强的技术，教师教要用心、学生学要上心，只有如此，学生才能学好机电类电工技术课程。否则教师教好不容易，学生学起来也比较困难。因此，要通过改进教学方法、调整教学内容、增加教材的灵活性，以适应不同基础学生的学习。只有这样，才有利于启发思维，开阔视野，有利于学生掌握知识，提高创新精神、实践能力，提高课程的教学质量，为学生以后的发展奠定良好的基础。

第二节　电工技术教学载体

电工技术课程是一门重要的技术基础课，多年以来，从各个出版社出版的教材可知，电工技术有成熟的教学内容，连贯的知识体系，经典配套的实验项目，其目的是使学生掌握电工电路中基本元器件的特性及作用，基本电路的分析与设计，会使用常用仪表进行电路调试与检测。该课程对于高职院校培养技能型人才的定位而言，要将单一知识点转变为综合知识与技能的结合，使学生在学习实践中不仅学习专业知识，掌握操作技能，还要清楚具体应用。因此就需要适合的教学载体来完成教师的教与学生的学之间的相互促进，真正实现"做中学，学中做"，充分体现"学做一体"的现代职业教育模式。

一、教学载体的选取

教学载体是贮存和携带教学信息并包含完整工作过程的实物。它所传递的是付诸内在认知反应的教学内容。在教学过程当中，学生在学习掌握知识时往往要跨越直接经验的阶段，通过教师的讲解引导，得到间接的知识。不能将教学内容直接投射到感觉系统来掌握知识，要通过对内容进行合理地组合而完成。因此，根据教学内容选择形式各异，利用视觉、语言、肢体等能产生多种感官反射，引起学生学习兴趣的教学载体是非常必要的。载体不一定复杂庞大，但一定要适合教学目标，并具有连续性。利用合适的教学载体，在完成工作任务的过程中传递教学内容，提高学生认知反应，激发学生学习动力，有效地掌握与职业标准相对应的工作能力和技能要求，具备可持续发展的潜力，使教学成为快乐的学习活动。

二、教学载体的实施

每一个教学载体实施前，都应对其包含的教学内容有明确的实施方案，从专业能力、方法能力和社会能力三个方面进行整合。让学生认识到经过职业教育的学习，他们将掌握未来工作的实践技能，预先积累专业经验，这些能力需要经过系统的训练和实际操作才能逐步形成和提高。因此，要根据学生的认知规律，从认识元器件、电工工具、了解其作用，到组成简单电路，再到相对复杂的电路，依据从简到繁，循序渐进的原则，有理论有实践，使教学内容合理化、有序化，确定适合的学习载体作为工作任务。学生在完成工作任务的学习情景中，通过动自己的眼、手，亲自触摸，参与体验，协作沟通等活动，自主构建知识，主动学习，培养实际操作技能，为未来走上实际工作岗位奠定坚实的基础。

（一）有明确的学习项目为载体

教学载体使教学内容得以表现和传输，面对具体任务，有明确的学习目标，使学生清楚通过学习要达到什么样的目的，明确检验标准。例如：

学习项目 1：配电箱的安装

学习目标：学生能根据配电箱控制的对象，合理分配箱内元件的摆放，导线的选择，以及箱体的安装。

学习项目 2：照明灯的安装

学习目标：安装普通照明灯和双控灯。配电箱内的照明漏电保护开关能接通与分断照明电路。

学习目的：

（1）学生会识别元件，会根据电路原理图合理设计元件摆放，并完成电路的连接；

（2）学生会选择相应的工具及仪表，并能正确使用；

（3）学生会依具安装要求进行自我检查，并对结果进行总结。

（二）有明确的学习步骤可操作

在真实的工作场景中，学生以分组形式组成学习团队，集体讨论，分工合作，根据工作任务制订方案，查阅相关资料（利用网络、参考书等），通过完成某些实际任务，帮助学生消化知识，让学生自己去发现、去探究。

在学习项目中要求配电箱能够对照明、插座、三相负载等进行漏电保护控制，需要了解配电箱的安装要求。绘制安装接线图，选择并识别总断路器、3P 和 1P 漏电保护开关、零线汇流排及接地汇流排等电器元件。能合理选择黄、绿、红、蓝、黄绿双色导线，进行配线。正确选择并使用相关电工工具，根据配电箱安装要求，固定箱体安装高度，箱体内各电器元件。箱内开孔边缘的绝缘保护，相线、零线、接地保护线的铜芯导线的选择，导线颜色的排序，电器元件的接线等方面，进行操作，遇到问题讨论协商解决，遇到解决不了的问题，老师及时给予指导。通过这样的小组合作，完成学习项目的制作。

学习项目 2 是与日常生活密切相关的，以此为重要载体，在提高学生学习兴趣的同时，与配电箱的安装做到有序衔接。绘制电路原理图，自主进行整体设计，需要了解电器元件符号的规范画法，灯具与开关的连接关系。根据要求选择合适的电器元件，了解双控灯的开关与普通照明灯的开关的区别。学会用万用表判断单刀双掷开关的触点位置，灯具及开关的安装位置要符合规范，严格遵守安全操作规程，正确使用电工工具，按照接线规则进行连线，完成照明灯的安装，会用仪表进行检查。

三、学习后的评价总结

学习项目完成后，展示各小组的制作成果，小组间进行相互评价，将各自在工作过程中遇到的问题及解决方法拿出来分享，相互取长补短，相互学习，相互协调配合。有利于在下一个学习项目中，更好地发挥其不同的智能强项。通过通电检验的成功，使学生获得极大的成就感，使其感到学习可以从枯燥变得有趣，将外部的实际操作转化为学生的智力操作。

设计选择合适的学习载体，要把学生作为教学活动的出发点和立足点，使学生在学习过程中成为真正的主人，以让每个学生都能参与到其中，在自己原有的基础上获得提高为目标，以发展学生的认知能力和认知水平为目的，坚持始终把学生的需要放在首位。不仅锻炼了他们的专业能力、学习能力和社会能力，而且提高了实践技能，增加了实际工作经验。

第三节　电工技术教学改革

一、基于应用型人才培养的电工技术教学改革

在计算机技术和科学技术飞速发展的时代背景下，电工电子技术受到控制理论、信息理论和系统理论的影响，出现了变化，呈现出高度综合集成化发展态势。因此在应用型人才培养视角下，对电工技术教学进行改革的过程中，要注意把握新时代人才培养的特点和需求。制定合理化的人才培养方案，对教学组织模式进行改进和创新，从而优化人才培养效能，着力促进电工技术教学，实现高质量发展的目标。

（一）应用型人才培养视角下，电工技术教学目标定位

从应用型人才视角对电工教学改革进行分析，能看出按照应用型人才培养的现实要求，应该将教学目标定位于培养具有较为成熟的电工技术、能将电工理论灵活地应用到生产实践中的复合型人才。将概念作为立足点进行深入分析，应用型人才培养区别于理论型人才培养的模式，其人才培养目标的差异性是更加关注人才技能的强化和对理论知识的实践应用能力的培养。新时期在对电工技术教学进行改革的过程中，应该面向应用型人才培养的需求，对电工技术教学目标进行准确的定位，从而提高人才培养工作的综合效果，使人才培养的整体质量得到全面系统的提升。

（二）应用型人才培养视角下，电工技术课程教学的特点

从应用型人才培养视角对电工技术课程教学进行分析，发现课程教学活动的开展能体现出一定的特殊性，有效开展教学活动有助于促进教学质量的全面提升。对应用型人才培养视角下，电工技术课程教学的特点进行系统的研究，能看出教学可以表现出以下三个特色：

其一，理论性。电工技术课程的主要教学内容能体现出数学知识和物理知识的融合，因此课程内容本身包含一定的理论性特点，知识的复杂程度相对较高，对学生知识记忆能力的要求也高，并且理论教学是后续实践教学活动的基础。

其二，实践性。在应用型人才培养视域下，有效开展理论教学的主要目标就是引

导学生在学习实践中将理论知识与实践活动有机融合，尝试结合理论知识的灵活应用解决电工技术实践方面需要处理的问题，保障电气工程维修等实践教学活动的顺利组织实施，让学生能在实践活动中积累经验教训，提高电工技能。

其三，变更性。对于电工技术教育而言，在科学技术发展水平不断提高的背景下，电工技术领域的科学技术水平不断提升，并且技术范围还得到了进一步拓展，向军工、科研等领域延伸。电工技术教学内容不断出现变化，在实际教学中，为了提高教育效果，就需要在教育实践中按照应用型人才培养工作的现实要求，不断地对教学内容进行调整和变更，将行业前沿动态技术创新内容融入教学体系当中，对学生实施创新教育指导，从而提高教学质量，将学生培养成为高素质的电工技术应用型人才。

（三）应用型人才培养视角下，电工技术课程教学改革策略

按照应用型人才培养的要求，电工技术课程教学中，要注意从多角度制订教学改革方案，对教学改革活动实施优化调整，促进教学水平不断提升。以下是应用型人才视角下，电工技术课程教学改革系统性的分析。

1. 对教学方法进行改革创新，构建新的教学方法体系

在应用型人才培养视域下，新时期在对电工技术课程教学进行改革的过程中，要正确定位应用型人才培养的目标和方向，突出学生的主体地位，对教学方法进行选择和创新，转变传统的教学方法，尝试结合信息时代的背景以及教学创新的现实要求，引入微课教学与任务单教学结合的教学方法，在微课教学中讲解理论知识，在任务单教学中开发实践训练活动，促进理论与实践教学的有机融合，从而提高教学质量，保障学生的知识实践应用能力得到高效化的训练。

例如，在讲解"电机原理"方面课程知识的过程中，教师就可以引入微课教学与任务单教学结合的方法，一方面通过微课向学生讲解电机原理方面的基本理论知识，在微课的辅助下让学生直观了解电机的主要结构、运行原理以及作用等。另一方面，通过项目任务单教学，在校企合作的基础上结合企业项目任务单让学生能参与到与电机原理相关的实践操作任务中，在项目任务活动中加深对理论知识的理解。通过实践操作对理论知识加以验证，从而在信息化微课教学中帮助学生形成对课程内容的系统认识，提高学习有效性。在这个过程中，发挥应用型人才培养理念的指导作用，能突出教学的生动性和直观性，电工技术教学质量和效果也会有所提升，能为人才培养工作的高效开展创造条件。

2. 不断更新教学内容，构建新的教学内容体系

教学内容的改进和创新是培养电工技术应用型人才的基础之一，只有结合新时代背景下，电工技术发展的现实变化，引入先进的技术，开展电工教学活动，才能提高教学质量，使学生的综合素质得到合理化的训练，从而逐步实现预期教学目标。因此在

教学实践中，教师可以尝试引入多种先进的教学内容，辅助学生对电工技术知识的系统学习，促进学生知识应用能力的合理化培养。

如在电工技术实验教学中，为了促进课程内容的创新，教师可以尝试将EDA（电子设计自动化）技术引入电工技术实验教学体系中，让学生利用EDA技术对复杂的实验内容进行处理，可以尝试结合MATLAB（商业数学软件）或Multisim等软件的应用构建仿真电路系统，预判电工技术实验结果，从而不断对电工技术实验的设计和测试进行优化。在这个过程中，通过对先进技术的应用和教学内容的更新，就可以引入"电路方案设计→EDA仿真技术应用→电路设计与制作实验活动→系统调试实验"教学内容系统，方便学生对课程知识进行深入系统的学习，大学生的电工技术学习能力和实践能力也会得到高效的训练，有助于促进应用型人才培养工作实现良性发展的目标。

3.引入虚拟现实技术，拓展实践教学空间

在应用型人才培养体系中，实践教学是提高人才知识应用能力和职业发展能力的重要基础。因此，在全面促进电工技术课程教学改革的过程中，要注意将实践教学活动的组织实施作为基础，全面促进理论教学与实践教学的平衡化发展，重点对实践教学体系进行开发，从而逐步增强实践教学的有效性，为学生实践能力的培养奠定良好的基础。

在实际对电工技术实践教学进行创新的过程中，可以从技术创新和方法创新角度，引入虚拟现实技术，构建虚拟仿真实训空间，在虚拟仿真技术的支持下，教师能将电工技术实践教学向虚拟空间转移，拓展实践教学的空间范围，提升实践教学综合效果。以电工技术教学中"二保焊平焊技巧"教学为例，教师在教学中借助虚拟现实技术的应用，能对"二保焊平焊技巧"的实践操作活动进行模拟，方便学生在虚拟空间中结合教师的指导以及所学理论知识的应用，对"二保焊平焊技巧"实践操作进行验证，强化学生的实践能力。通过教学方法的创新，就能保障学生的实践能力得到不断的增强，为学生高效完成学习任务、提高个人综合素质奠定了良好的基础。

综上所述，在应用型人才培养理念的影响下，电工技术教学改革发展能对教学模式的构建和教学体系的创新产生积极的促进作用，提高人才培养工作的综合效果。因此在新时代的大背景下，要从应用型人才培养的视角，对电工技术教学改革进行系统的探究，构建完善的教学改革体系，确保能在电工技术教学中对人才的专业能力进行培养，夯实人才职业发展的基础。

二、基于工学结合的电工技术教学改革

工学结合的人才培养模式是高职教育发展的必然趋势，基于工学结合的课程教学改革是高职教育改革不可缺少的一部分。作为专业基础课的电工技术以工学结合为出

发点，将课程从教学内容、教学模式、教学方法和考核方式四个方面进行了改革，使基础课程教学体现了夯实基础、服务专业、体现企业需求的特点，有效提高了学生的职业能力、培养了学生的综合素质，为学生的后续发展打下了良好的基础。

教育部提出高职教育要发展，必须改革人才培养模式，积极推行与生产劳动和社会实践相结合的学习模式，实行工学结合，突出实践能力培养，为社会培养出真正高素质的技能型人才。作为专业基础课的电工技术也必须顺应高职教育发展趋势，实行改革，以适应专业、社会和企业岗位需求。电工技术教学改革以工学结合、突出实践能力培养为出发点，以培养面向生产、建设、管理、服务第一线需要的高素质技能型人才为宗旨。经过社会、企业调查，专业调研，总结、吸收先进的教学经验，使电工技术课程更加符合社会企业需求，更具有专业特色。下面以化工系的电工技术课程改革为例进行分析说明。

（一）教学内容改革

教学内容改革是教学改革的重要环节。教学内容设置必须符合高职教育特点，体现专业岗位需求、体现实践能力的培养。在教学内容设置上，我们以三个方面为出发点：一是必备知识。这部分内容使学生获得电学方面的基础知识、基本素质和基本技能，满足学生就业、生活之需要；二是专业需求。这部分内容根据后续专业课程需求而设置，体现基础课为专业课程服务的宗旨；三是企业、岗位需求。这部分内容要体现工学结合，主要根据化工厂、药厂的用电设备、配电需求等实际情况，结合高级维修电工基本技能需求而设置。基于这三方面的出发点，在知识结构上，我们本着必须够用的原则，打破传统的知识系统化、完整化模式，采用模块化教学。对于化工系电工技术课程教学内容的设置，我们在走访石家庄药厂和石家庄部分化工厂，了解行业、企业岗位的实际需求的基础上，通过与专业教师沟通，了解后续专业课程对电工知识的需求，并结合生活必需的电工常识，将教学内容设置如下：

电路基础知识模块（常识知识）：包括了常用电工仪表使用，电流、电压、电位、功率、电能的基本概念及测量。单相和三相电路（工厂供配电必备知识）：包括照明电路结构、电表安装、三相电路基本概念。变压器（工厂供配电必备知识）：主讲变压器的结构、变压原理、变压器的连接及使用注意事项。电机与控制（车间生产必备知识）：主讲单相和三相电动机的结构、使用，低压控制电器，电机的控制及配盘。安全用电常识（生活电工常识）：包括生活电压、安全电压，触电形式，防止触电的方法，触电急救措施等。传感器常识（后续专业课程需求）：主讲传感器概念以及温度、压力、转速、流量等传感器的测量原理。

改革后的教学内容实用、接近生活、符合企业岗位需求、体现服务专业，得到化工系各专业的认可。

（二）教学模式改革

传统的电工教学模式大多采用"理论讲授＋实验"的教学模式。对于高职院校的人才培养目标，这种教学模式存在很多缺陷，已不再适合教学要求。比如，实验和理论教学脱节，学生不能用理论知识指导实践；实验设置受校内实验室的条件限制，实验内容与企业岗位要求脱节，实验环境与企业环境相差较大等等。为了改变这一现象，我们采用工学结合模式，将教学过程分为"理论＋校内实验＋校外实习＋实际工程设计"四个环节，学时分配按 3：2：2：1 进行。即在总学时 80 小时的基础上，30 学时用于理论学习，20 学时用于校内实训，20 学时用于校外实习，10 学时用于实际工程设计。在这之中，理论学习以必须够用为原则；校内实验设置采用实用、适应岗位需求、与高级维修电工紧密接轨的实验内容。包括常用电工仪表的使用练习，照明电路安装，电动机正反转的控制，电动机控制配盘，万能铣床电路的操作、维护与检修等；校外实习包括参观、专家讲解和跟随师傅实习三个部分；实际工程设计以现代家庭布线设计、小型工厂配电设计、学校配电设计等实用性较强设计内容为主，是学生知识应用能力的体现。

教学模式的改变，不仅有效培养了学生的动手操作能力，而且使学生及早地接触了社会和企业，拓宽了学生的视野，为将来就业打下了坚实的基础。

（三）教学方法改革

在教学方法改革上，打破教师"一言堂"的传统教学方式，充分利用多媒体、教学模具、实验设备等教学设施，并根据教学内容的不同，采取灵活多样的教学方式，使学生在体验中学习，在快乐中收获。例如，对于三相电路的讲解，利用多媒体制作形象的教学课件，将发电机的发电过程、三相电压的变化情况展示给学生。与此同时，采用行为导向教学法，引导学生对电路的电流、电压进行分析；而对于电动机的讲解，则将电动机实物搬入课堂，针对实物进行现场讲解；对于电动机的控制，采用任务驱动教学法，从低压电器的认识到电机的控制设计，一步步引导学生完成教学内容；对于电路基本物理量的学习，采用"教学做"一体化的教学方法，将理论学习、实际测量、现场分析融为一体。

通过灵活、多样的教学方法，不仅激发了学生的学习兴趣，增强了学生的动手能力，而且有效提高了学生的知识应用能力、团结协作能力，使学生的综合素质得到有效提高。

（四）考核方式改革

考核是教师对学生学习情况的综合评价。对于高职院校的学生，考核要在考查理论知识的基础上，同时考查操作技能、应用能力和职业素质。因此，电工考核方式扔掉试卷＋实验＋平时的传统考核方法，采用 5：2：2：1 的考核模式。即理论基础考核占

50%；主讲教师、实验教师综合评价占 20%；带班师傅、实习跟班教师综合评价占 20%；综合设计成果占 10%。

通过新模式的考核使学生认识到学习过程的重要性、综合素质培养的必要性、操作技能和知识应用能力的不可或缺性，为高职学生的后续培养打下良好的基础。

三、电工电子技术课程教学改革

电工电子技术的发展始终和人类社会活动息息相关。从航天航空到衣食住行，电的应用几乎无处不在。可以说，电工电子技术的发展与完善推动了科学技术和社会的进步与发展。

作为一门必修的专业基础课程，电工电子技术课程包括电工技术与电子技术两部分。在这之中，电工技术分为 3 个方面：电路理论、变压器和电气控制；电子技术部分，分为模电技术和数电技术。课程主要涵盖电路的基本分析方法、基本放大电路、门电路组合逻辑电路等基础电工电子理论与实践知识。

电工电子技术课程的特点在于课程内容多、物理概念多、理论性强、工程实践性强。因此，在教学过程中，需要将实践与理论紧密结合。与此同时，其所具有的基础性、应用性、先进性特点，要求学生掌握基本理论、基本知识和基本概念，并且要有一定的创新意识。

教师在课程教学中，应以学生为本，坚持工学结合。首先，重视理论知识教学，让学生能够掌握电工技术和电子技术基础理论知识和基本技能，具备较强的电路分析能力和电路设计能力；其次，注重将理论知识教学与实践活动教学相结合，让学生能够掌握电路的实际应用，了解新器件、新技术。这样的教学能够激发学生的学习积极性，培养学生的自我学习能力和创新实践能力，进一步让学生将所学的理论知识应用于实践，为学生后续课程学习和从事相关领域的工作打下坚实的基础。

（一）电工电子技术课程理论教学部分

电工电子技术课程是以高等数学和大学物理等理论知识作为基础的课程。因此，要求学生具有高等数学、大学物理的预备知识。课程中包括电工电子技术相关的数学和物理知识与技能。由此可见，该课程具有较强的理论性，且理论知识种类较多，内容庞杂，如果想在后续的实践课程中融会贯通，就必须熟练与电工电子技术相关的数学和物理知识和技能。

以电工电子技术课程中较为重要的组合逻辑电路实验单元为例，在组合逻辑电路实验中，要求学生先熟悉常用的门电路逻辑符号、引脚排列和注意事项，先掌握常用的TTL（晶体管 - 晶体管逻辑）集成门电路逻辑功能的测试方法，通过学习理论知识，只有学生脑海中已经有一个清晰的、大概的认知,才能着手使用电子元器件,进行应用、实践。这深刻反映了学生只有在学习了 TTL 集成与非门电路的工作原理,熟悉了集成门电路的参数等理论知识后,才能展开组合逻辑电路实验。实践活动一方面反映了学生对理论知识点的掌握程度;另一方面是巩固理论知识的手段。由此可见,将理论教学与实践教学相融合始终是教学改革的重中之重。

1.翻转课堂,让学生深度参与教学

在传统课堂教学中,学生往往扮演被动听课的角色,对教学过程的参与度较低。这一点恰恰是理论课堂教学的一大痛点,而这一痛点可以通过引导学生自主探究,提升师生的互动来解决。计划每学期组织学生进行 3 次以上的翻转课堂,提前让学生根据所学知识点准备好需要讲解的内容和课件。在正式授课过程中抽取一定的时间,随机抽查部分学生,让学生有机会通过翻转课堂的形式将所准备的内容进行讲解,形成师生角色互换。通过这种形式,可以让学生深度参与教学,提高学生学习电工电子技术课程的积极性。教师起到引导学生自我思考的角色作用,让学生成为课堂的主体,提高学生参与度的同时不断增强学生的表达能力和自信心。

2.最大化地利用多媒体技术优势,创造良好的课堂氛围

电工电子技术课程中存在着很多比较抽象的理论知识,单纯依靠口口相授模式难以让学生获得深度理解。利用多媒体技术结合动画演示,一方面可以让学生更加直观形象地去理解抽象的理论知识,降低教学的难度。另一方面,多媒体技术中所包含的视频、图像等更为接近学生的日常生活,能大大提高学生的探索欲。因此,合理使用多媒体技术进行教学,能够让学生容易接受的同时还可以激发学生学习兴趣和学习动力。

3.注重理论教学与实践教学的结合

在课堂教学中,教师可以使用直观教具和实例教学,将典型的电子元件引入课堂教学。教师以典型的电子元件为对象讲解知识,让学生近距离去观察这些电子元件的构造及使用原理,将电子元件的功能与家用电器的使用进行结合,让学生感受到所学习的知识与自己的生活息息相关,进一步加深学生对电工电子技术课程知识的理解。

(二)电工电子技术课程实践教学部分

电工电子技术是一门强化实践的学科。随着科学技术和经济的飞速发展,社会对人才素质的要求日益提高,电工电子实践教学在培养学生实践技能方面的重要性更加明显。实践教学的目的是让学生巩固理论知识,加强学生的动手能力,培养学生科学实验的基本技能。实践教学使学生更深层次地掌握基本逻辑门电路、触发器、译码器等一些基本集成电路的特性和使用方法,并利用这些基本电路去设计组合电路和时序电路。学生只有具备拟定实验步骤、检查和排除故障的能力,才能够更好地符合社会发展的需要。

电工电子技术课程的实践教学现已基本实现单独授课，与理论教学同步开展。实践成绩单独列入成绩单。这是实践教学比例加大、地位提升的充分体现，有利于学生巩固、扩充理论知识，不断完善实践教学体系。但长期以来，实践内容开展仍然采用传统的教学方式，主要通过学生提前做好预习——课堂老师重申理论知识、操作示范——由学生两人一组完成实验。一个教学内容大致分为以上三个阶段，逐步推进，实现教学内容。授课方式也依然保持验证理论知识的实验形式，缺少具有主观设计性和创新性的实习项目。同时，尽管电工电子技术课程实践教学单独授课，实践教学不附属于理论教学的观点已经越来越受业界认可，但目前实践教学课时远远少于理论教学，教学过程中更是重理论，轻实践。有时理论课讲什么内容，实验课就安排什么实验。一贯是教师先讲解理论知识，然后操作示范，学生照葫芦画瓢，造成在操作过程中对可能出现的错误、要注意的细节和安全问题一知半解。如此重理论、轻实践的教学方式忽略了实践教学的目的和特点，缺乏对学生创新意识、实践技能的培养。

对于电工电子技术实践教学，应当考虑到不同专业学生的不同学习要求。结合电工电子技术未来的发展趋势，适当调整实践内容计划。项目类型要减少验证型实践，增加设计型实践，并且融入反映目前先进电子技术的新课题。与此同时，也要巩固、验证常规经典课题，注重所学理论知识与实际课题紧密相连。从不断添加新的电子元件，到不断拓展相关实验，教师可以结合当下较为先进的电工电子理念，与时俱进，优化更新实习内容。同时，学校设置具有综合性和设计性的实践项目让学生能够充分投入到实践过程当中，提升自身的实践能力。

实践形式也应当更加贴近社会需要。既要在实验室内学习电路的接线设计、实际操作以及线路的调试，也要走出实验室，进一步拓展实验内容。为了加强学生对理论知识的理解，可以让学生去实践场所与电工一起参与电路的设计、安装、维护等工作，感受真实的实践情形，提高实践技能。教师将理论指导和实践指导相结合，让学生学以致用，不断更新自己的识储备，用于实践操作过程中，对接社会需求。

（三）电工电子技术课程的考核

1. 理论课程

1）掌握电路的基本定律、基本定理以及简单的分析方法；了解动态电路的基本概念，掌握一阶电路的"三要素"法。

2）掌握 RLC（电阻、电感、电容）元件在正弦交流电路中的特性，掌握单相、三相电路的简单计算。

3）了解磁路的基本概念、熟悉交流铁心线圈和变压器的工作原理和简单计算。

4）了解二极管、三极管和特殊二极管等常用半导体器件的工作原理，掌握二极管、三极管、稳压二极管等的图形符号、伏安特性，熟悉二极管、三极管、稳压二极管等的主要参数。

5）了解分立元件构成的基本放大电路的组成和工作原理，熟悉集成运算放大器的主要参数和图形符号，掌握基本放大电路的静态和动态分析方法。掌握集成运算放大器在信号运算方面以及在单门限电压比较器方面的应用，理解放大电路中的负反馈的作用及反馈类型判别方法。

6）熟悉直流稳压电源的组成及各部分的工作原理，掌握三端集成稳压器的应用。

7）掌握各种常用的逻辑门符号及输入输出逻辑关系，了解 TTL 与非门电路的工作原理及主要参数，掌握三态门电路的特点，掌握组合逻辑电路的分析和设计；熟悉常用中规模集成译码器的功能及应用。

8）掌握各种双稳态触发器的功能，熟悉常用中规模集成计数器的功能及应用。

2. 实践课程

1）正确使用常用的电工电子仪器仪表。

2）具备电路连接及测试能力。

3）运用典型的中小规模集成电路组成简单应用电路。

4）阅读和分析一般程度的电路原理图；能对数字电路进行初步分析和设计。

5）具备排除常用电路简单故障的能力。

（四）电工电子技术课程的改革探索

1. 理论教学

电工电子技术课程是面向非电类专业学生开设的一门有关电学问题的必修专业基础课程。部分学生认为所学的专业与电工电子毫不相关，因此学习的主动性、积极性都不高，容易陷入为了应付考试而学习的局面。故理论教学的首要前提是对教学内容、教学方法以及教学手段进行进一步优化。

不同专业对人才培养的需求不同。理论课程在教学中应该将基础理论知识贴近学生专业。如果针对的是不同专业或者行业背景的学生，采用相同的教学内容、教学方法与教学手段会导致知识点的学习价值发生变化，需要深度掌握的知识点达不到深度掌握的要求，只需要了解的部分却又让学生浪费大量时间，不利于后续专业学习的衔接。

理论课程的教学应当针对不同专业的学生，在授课内容的侧重点上进行不同的调整，起到进一步调动学生积极性、自觉性与主动性的作用。例如，对计算机专业的学生来说，电工电子类课程是计算机硬件方面的基础，而现如今计算机硬件的重要性不可忽视，发展趋势是以实用为主，趋于科普化，因此，在教学过程中要侧重分析常用电子器件的测试与辨别，加强基本放大电路等知识点的讲解；对于车辆工程专业的学生来说，要加强的是集成运算放大电路、直流稳压电源的制作与调试知识点的理解，这有利于培养学生掌握汽车设计、制造、试验等方面的专业知识与技能。

2. 实践教学

在实践教学中,通常采用老师操作一遍,学生照葫芦画瓢模仿操作一遍的教学模式。这使得学生缺乏自己参与实验的参与感,造成学生容易忽视操作过程中出现的错误、要注意的细节和安全问题。这样的实践过程,割裂了与理论知识的联系,达不到相辅相成、互相促进的教学效果。

为了更好地实现充分调动学生自主学习的积极性,培养学生创新思维以及提高学生的实践技能,电工电子技术课程实践教学应该对实验内容进行重新整合和优化。通过增加电路设计等内容,建立起应用性、实践性较强的教学体系。

更重要的是,层次化实验内容逐步将验证型实验递进为任务型实验,再上升为设计型实验。如将"基尔霍夫定律的验证"实验变为"测量某条支路的电流或某两点间的电压",尽量减少演示型实验,引起学生的兴趣和关注。对于操作性不强的实践教学项目可以通过发挥网络优势,利用虚拟仿真平台进行实验。而进入实验室的教学是为了让学生能够尽快地了解一些电工电子技术要点,提高工程意识和动手能力。实现在具体的实践教学中,把"教师要我学"转变为"学生我要学",增加学生自主设计和发挥的空间,只有进一步引导学生主动思考和探索解决问题的方法,才能十分有效地提高学生自主学习的能力。

3. 考核模式

电工电子理论教学课程考核是一以贯之的模式,即平时成绩(课堂出勤、课堂提问、作业、平时测验等)占 40%,期末考试成绩占 60%。长期以来,这适用于绝大部分场景。然而,目前闭卷形式的期末考试,在题目的考核重点方面,已有了一套范式,相关固定的题型例题弱化了学生独立思考探索的能力。

随着社会对人才素质的要求日益提高,为了让学生进一步适应应用型人才培养目标要求,应当优化考核模式。比如,减少期末考试闭卷考试的成绩占比,扩大平时成绩的比例,凸显出学生对所学理论知识的掌握程度。将平时成绩占 60%,期末考试成绩占 40%。把课堂表现纳入平时成绩,利用翻转课堂来考核学生对理论知识的掌握程度。学生讲解,教师补充,学生能将知识点讲清楚、讲透彻,才说明对知识点的理解已到位,甚至运用自如。

在电工电子实践教学课程考核中,实验报告成绩占比超 50%。实验报告有其固定的格式,主要包括:实验目的、实验仪器设备、实验内容、实验步骤、结果与讨论五大部分。很明显,除了结果与讨论,其余内容基本都是实验指导书上的内容,这就导致学生互相抄袭实验报告的普遍现象。可以看到,仅从实验报告根本无法区分学生的实际实验情况。甚至,有些学生是按照理论实验结果来完成实验报告的,这就导致真正做过实验的学生和没用心做实验的学生的实验成绩相差不多,大大打击了学生的实验积极性，不利于提高学生的实践动手能力。

由此可见，实验考核应针对电工电子实验课程的教学目标，结合实验室的实际情况，研究可行的实验考核方案。减少实验报告成绩占比、关注学生实践能力是有效途径。基础部分根据完成度和动手能力给分，设计改进部分主要针对学生的自主性、创新性进行评分；报告成绩关注学生数据的处理与问题的思考以及文档的写作情况，在报告的最终批改上，坚持给雷同的报告低分，对有创见的报告加分，敦促学生认真操作以及独立思考。

电工电子技术课程能够让学生获得有关电工技术的基本概念、基本理论和基本技能。电工电子技术课程教学是一个长期而系统的工作，将现有的电工电子技术课程教学内容与学科结合。摈弃一个标准的内容教学，深入了解不同专业的人才培养目标和对本课程内容的要求，有效支撑后续课程的学习。

优化教学模式，进一步让枯燥的理论在实践应用中获得生机。在理论教学中，以学生为主体，让学生角色互换，站在教师的角度来看待电工电子技术课程。对学生来说，是将"要我学"变为了"我要学"，这适应了电工电子技术课程的特点，起到充分调动学生的学习热情，提高积极性、自觉性与主动性的作用。在实践教学过程中，实践操作也应逐步减少照葫芦画瓢的现象，将理论性实验、验证性实验搬到线上，充分利用线下实验室让学生开展独立设计。让学生具备检测、分析和排除故障的能力，学会正确地记录、处理数据，培养学生的动手能力、创新能力，适应社会发展的需要。

合理科学的考核制度同样是保证教学质量的重要基础。注重考查学生对课堂所讲解的理论知识的掌握程度，促进学生重视实践、引导学生深入思考，通过对学生知识、素质、能力的全方位考查，建立全程考核评价体系，提升电工电子技术课程教学效果。

四、电工电子技术课程混合式教学的改革

近年来，随着我国高等教育的迅速发展，育人成果显著。我国高等教育要实现高质量可持续发展，走内涵式的发展道路，改革和创新教育模式是关键。研究我国高等教育发展过程中出现的问题，制定对策、补齐短板是每个教育工作者所面临的头等大事。大学生课堂行为分析是高校教学管理的关键环节，决定着教学计划的制订、教学方式的选择、课堂教学的实施。目前，各高校普遍存在学生课堂纪律不佳，旷课、迟到、早退等问题，分析原因并推进教学模式改革，意义重大。

（一）课堂行为分析

大学生课堂问题产生的原因：

（1）自觉性较差、惰性较强，容易适应舒适圈，一旦沉浸其中，很难改变生活态度。

（2）自控能力较弱，容易受外界因素影响。

（3）缺少良好的学习习惯，以应付考试为目标，采用突击式学习法，考过就忘，平时积累的知识较少，对相关课程知识点无法融会贯通。

（4）个性较强、过于以自我为中心，遵守课堂纪律的意识淡薄。

（5）缺乏学习积极性，学习动力和自身能力不足，对于大学学习、生活没有规划。

目前，学生上课玩手机已成为最普遍的课堂问题，而大部分高校针对这一现象并没有一个严格的明文规定，也缺乏相应管理措施，仅凭教师强调课堂纪律很难达到预期效果。究其原因，其一是随着网络技术的发展，手机 App 的类型和功能越来越多，对学生充满诱惑，缺乏自制力的学生很难在课堂上全程集中注意力；其二是课堂教学偏理论，轻实践，学习过程单调，教师讲课枯燥。电工电子技术是机械、机电、数控等专业教学中一门必不可少的基础课程，课程知识点抽象，具有较强的实践性。针对上述大学生在课堂中存在的问题，从制定解决课堂问题对策、优化课堂管理制度、灵活使用教学方法、改革课程考核方式四个方面着手探讨解决对策。

（二）制定解决课堂问题的对策

不读书则愚，不思考则浅，不多练则生，不巧用则钝。大学相对于初、高中而言，家长管束力度比较小，学生自我约束能力较差，十分容易沉溺于散漫的生活，懒于思考课堂问题，作业互相抄袭。

电工电子技术课程知识点比较抽象，仅靠学习理论知识难以全面掌握知识要点。教师在教学过程中，可运用多媒体教学手段，结合课程知识点进行讲解，将重点、难点知识以工作原理动图、3D（三维）效果图的形式呈现，提高学生的学习积极性和学习效率。例如：利用多媒体将三相异步交流电动机的工作原理以 3D 动画展示给学生，让学生了解转子如何切割磁感线，产生电磁力的工作原理；了解转子的转向和磁感线转向的关系；改变转子转向的方法。在讲解电路器件的同时，可以通过展示往届学生作品的完成情况，帮助学生树立既要知道代表符号也要知道实物形态的意识，培养学生的抽象思维能力。教师还可以指导学生动手，实操完成指定作品，这样更能吸引学生的注意力。

学生的学习基础参差不齐，课堂掌握情况也各有差异，教师应根据学生实际情况制定教学目标，调整教学进度，结合线上线下教学模式的优点，建立班级钉钉群和微课堂进行线上答疑解惑，保证教学进度和教学效果。教师在授课过程中要坚持以学生为中心，一方面可通过设置与学生的课堂互动环节，营造轻松的课堂氛围，另一方面可以督促学生，监管课堂，杜绝学生上课时进行与课堂无关的活动，进而提高学生整体学习的积极性。

"正人先正己，明人先明德"，教师除了提高自身综合素质和业务水平之外，还要对教学方法改革创新，突出自己在课堂教学中的主导地位，言传身教，给学生树立好榜样，留下好印象。在教学过程中与时俱进，更新课堂教学知识点，灵活使用教学方法，尽职尽责做好教学工作，保证教学效果，更要关爱学生，做到"亦师亦友"，与学生建立良好的师生关系，积极参与学生班级活动，及时了解学生的生活以及心理健康状况，营造轻松快乐的学习氛围。

（三）优化课堂管理制度

传统的课堂管理模式是通过教师的权威实施课堂管理，教师与学生之间缺少互动和交流，对于课堂问题不加干预或者较少干预。事实充分证明，这种课堂模式对于大学生来说缺乏吸引力，甚至可能引发学生的排斥感。优化课堂管理制度，建立"以学生为中心，以教师为主导"的新管理模式，在保障教师主导地位的前提下构建与学生的平等关系，鼓励学生在课堂上进行师生讨论、互动，共同参与课堂氛围建设，活跃课堂学习氛围，有利于及时解答学生在学习过程中遇到的疑点和难点，保证教学效果。

（四）灵活使用教学方法

电工电子技术课程大多数内容以理论教学为主，知识点抽象，学生学习起来有一定难度，因缺乏成就感而很难乐在其中。教师要结合理论知识点，创新教学方法，并灵活运用多媒体动画、雨课堂等教学手段，使理论教学更生动有趣、直观形象，这样更加能吸引学生的注意力，让学生参与课堂互动。教师灵活使用各种教学方法开展理论教学，可促使课堂学习氛围更为浓厚、活跃，有利于保证学生的学习效果；结合课程实验、实训，帮助学生充分消化、吸收所学知识，帮助学生打好基础、拓展思维，培养他们的动手能力和探索知识的能力。

推广"翻转课堂"，让教师和学生在教学过程中进行角色互换。课前，教师布置相关预习内容，以小组形式分配任务，要求学生课前自行查找资料，寻找解决相关问题的方法，以小组或者个人的形式在课堂上用 PPT 进行汇报，展示自己的学习成果。通过让学生自主讲解知识点内容，加强班级学生之间的互相交流，培养学生查阅、搜集资料的能力，锻炼学生语言表达、展现自我的能力，增强自信心。教师根据课堂情况，完善和改进教学方法，培养学生的成就感，唤起学生的求知欲，锻炼学生克服困难、解决问题的能力。

合理设置教学环节，禁止"满堂灌"。教师可以在课堂中设置五分钟左右的穿插趣味答题环节，活跃课堂氛围，帮助学生放松，集中注意力，缓解疲劳。在每堂课的最后应留有五分钟的答疑时间，为学生解答课堂知识难点，或者让学生复习、总结本节课的内容。

（五）改革课程考核方式

目前，电工电子技术课程考核形式比较单一，基本都是由"总成绩 = 平时成绩（20%）+ 期末考试成绩（60%）+ 实验成绩（20%）"构成，这种考核方式过于片面，不足以全面衡量学生学习的真实水平。学生通过死记硬背去完成课后作业、实验报告，也能取得优异的成绩，而平时课堂、实验、作业都比较认真的学生，可能会因为某些偶发因素造成笔试成绩不理想，这容易让学生产生"重结果，轻过程"的想法。

电工电子技术课程分为理论教学和实验教学两部分，这两个部分的教学目标和考核方式也应有所区别。理论部分可通过期末考试的方式来进行考核，实验部分可分别以实操成绩和实验报告为考核对象。以实操成绩为主，主要考核学生的动手能力、对所学知识的理解程度以及实验过程中，学生之间互相协调分工的能力，可避免实验部分学生不动手，数据互相抄袭的情况发生，尽量让每个学生都参与实验。以实验报告成绩为辅，可考查学生对实验的掌握情况，实验数据是否正确，能否充分运用实验过程中学到的知识进行总结。

平时成绩由作业、课堂表现、考勤构成，在考核过程中结合平时成绩可充分考查学生的日常学习表现，鼓励学生多参与课堂答题，多上台展示自己的学习成果，提高学生到课率，进而保证教学效果。

高校本科教育以人为本，教师教学能力的提升是高校建设一流学科的关键。教师在教学过程中要与时俱进，对教学方式进行创新，针对具体出现的问题，制定解决课堂问题的对策，优化课堂管理制度，灵活使用教学方法，改革课程考核方式。在教学过程中要"以自身为主导，以学生为中心"，打造轻松愉悦的学习氛围，有利于提升学生的学习积极性，保证课程教学效果。

五、电工电子技术基础课程教学改革

伴随着现代电子科学技术的迅猛发展，电工电子技术几乎影响了我国国民经济发展的各个领域，对我国经济和社会的发展具有重要的影响和作用。电工电子技术基础课程是电工电子专业学生知识和能力培养的起始，是专业能力成型的过程。电工电子技术基础课程强调加强学生对基础理论知识的学习和理解，充分激发出学生的学习兴趣和培养他们的创新能力，对电工电子技术专业学生综合能力的提升具有重要的作用。

（一）电工电子技术教学改革的重要性

在以往的教学过程中，电工电子技术基础课程主要采取先书本教学再实训练习，虽然利用多媒体教学课件授课，但是学生依旧处于被动接受的状态，不能很好地理解理论知识的精髓；到实训环节时，学生对理论知识已经忘得差不多了，因此，教师的理论授课对学生的实训并没有起到很好的帮助。这种"填鸭式"的教学方式，不仅不利于学生自主学习能力的提高，而且学生在学习过程中的积极主动性也不高。教师教学的主要目的是提高学生的综合能力，由于很多课程偏重于理论知识的讲解，教师就选择板书讲解，忽视了学生的主体地位，很多学生难以参与课堂，学习主动性偏低，导致教学效率很低。因此，对电工电子技术教学的改革是提高学生综合能力的必然选择。在改革过程中，教师应该尽量增加学生运用理论进行实践的机会，为学生提供更多的实践动手能力环节，激发学生自主学习的动力和热情，贯彻学生作为课堂主体的地位，帮助学生打开自主创新的思维模式。在传统的教学实践过程中，教师对实验设计的步骤规定过于死板，严重阻碍了学生自主思考和创新的能力，不利于学生综合素质的提高，因此电工电子技术教学改革需要多方面的考虑和衡量。

（二）电工电子技术教学改革方式

1. 结合专业培养目标，建立模块化课程体系

电工电子技术基础课程属于多门专业学科的交叉专业课程，其中包括电子科学与技术，电气工程及其自动化，机电一体化、自动化以及信息工程等课程。不同专业对课程的要求各不相同，侧重点也有所不同，因此，给电工电子技术课程的教学也带来诸多的不便和困难。为了满足各专业培养目标对本课程的需求，需要对电工电子技术基础课程进行模块化的课程体系构建，结合不同专业的培养目标，为不同专业的学生制订不同的学科培养方案和课程培养体系。首先，重组原有课程模块，构建基础课程知识模块作为各个专业的必修课程。其次，在保证基础课程教学的前提下，结合各个专业的培养目标和培养方向，加强对课程模块的灵活性设计。最后，确定各个教学模块的基本教学内容和教学目标，并形成分层次的课程设置方案，从而使电工电子基础课程能够满足各个不同专业的培养目标和培养计划。

2. 跟踪学科发展，优化教学内容

课程教学内容是课程改革的重点和难点，也是实现课程体系改革的基石。电工电子技术改革的基本原则是：以现代电子技术为基本点，以课程基础理论知识为主线，实现电工电子技术课程基本理论与新技术的有效结合。电工电子技术教学内容改革要充分体现课程的前沿性和时代性，注重对学生自主应用能力的培养和锻炼。因此，优化教学内容主要包括：按照课程模块组织进行分块教学，注重不同课程之间的衔接和联系，将电工电子专业知识进行分析和整理，删减课程中的冗余、重复内容，注重对新技术、新理论的介绍和引入，突出对实践应用的重视和关注等。当然，现在有很多的专业技能等级考核的内容还是不能跟时代同步，很多老旧的知识，甚至是已经严重落后了的电子电器的知识还在考核中出现，对于我们的教学内容改革会造成一定的阻碍。

3. 改革教学方法，激发学习兴趣

俗话说，兴趣是最好的老师。在教学过程中，只有让学生主动参与课堂、融入教学、参与讨论和提问，才能有效提高课堂效率，提高学生综合素质。传统的课堂教学主要采用"教师讲，学生听"的"满堂灌"方式，完全颠倒了课堂教学中学生、教师的主体位置和辅助位置，造成了学生上课缺勤率多、积极性不高、主动性不强的现象。因此，对教学方法的改革是教学改革的关键和重点。目前，教学方式除了常用的提问式与启发式相结合、讲授与讨论相结合以及讲授与自学相结合等，还有很多如头脑风暴、竞赛式、创建现实情景等多种方式。这些方式方法的引入可以转变以往学生的满堂灌的教学方式，使学生由被动学习转变为主动参与，由客体变主体。与此同时，课堂中的讨论环节有助于引导学生大胆思考，并发表不同的看法和见解，有利于对学生独立思考能力和交流合作能力的培养。此外，对于相对比较简单的课程，可以引导学生查阅资料、自主学习、独立思考，教师只需要对个别难点、重点问题详细讲解，从而大大地提高了教学的效率。

伴随着现代各种电子科学技术的迅猛发展，电工电子技术几乎影响了我国国民经济发展的各个领域，对我国经济和社会的发展具有重要的影响和作用，特别是现代智能家居时代的来临，标志着电工电子技术主宰着我们的日常生活。电工电子技术基础课程开设的目的是培养具有电子设备安装、调试、维护和维修能力的专业人才。教师的责任是把专业知识传授给学生，培养他们的专业技能和素养，增强学生在人才市场的竞争能力。通过对电工电子技术基础课程的教学方法以及教学内容等方面进行改革和创新，可以有效地改变学生的学习状态和提高自主学习能力，从而提升教学效率和教学质量。教学改革是一个不断完善和创新的过程，还需要各位教师在教学过程中不断尝试和改变。

六、微课与电工技术课程教学改革

近些年来，随着高职院校课程改革的不断推进，作为专业教师，既要不断地学习课程改革的理论知识，也要与时俱进地学习一些信息化教学方法，在课堂上进行实践探索，特别要学习微课的制作与应用。笔者在电工技术课程教学中，经过不断的探索和研究，设计和制作了与之相对应的微课，通过在教学实践中的应用，使学生在课下任何时间、地点都可以学习，课上可以更加灵活地掌握所学知识，优化了教学环节，提高了课堂教学效果，受到了学生的喜爱。

（一）电工技术引入微课的背景

随着互联网技术的不断发展，局域网和 Wi-Fi 已经悄然覆盖整个校园，几乎每个学

生手里都有一部智能手机，而这也促使学生的学习内容和形式悄然发生变化。鉴于电工技术在专业课程中的重要性和学生学习水平的差异，授课教师要因势利导，使学生将智能手机应用到学习专业知识上，而不只是玩游戏、看电影、聊天等。因此，教师经过课堂教学探索和研究，将电工技术课程中的知识重点和难点内容精心设计成微课，并生成二维码形式，结合教学进度，将相应的二维码嵌入教案和课件中，并发到相应的班级群里，促使学生可以随时随地扫一扫进行微课学习，极大地方便了学生的自主学习。

（二）电工技术微课的制作

在电工技术课程中，教师需要精选教学内容，对选定的内容结合学生的学情进行巧妙设计，微课要求短小精悍，这样才能吸引学生，促使学生在课后不受到教师的约束，真正实现自学，达到想要的学习效果。下面谈一下我在微课制作中的一点收获。

首先，微课设计中的教学环节要全面。微课设计要有复习提问、导入新课、讲授新课、布置作业等环节。我设计"叠加定理"的微课时，以实际电路为例，向学生提问：（1）用支路电流法求解需要列几个方程式？（复习上次课的内容）。（2）有没有其他更好的解法？（引入本次课的内容）。接下来，用手机流量叠加包的概念解释什么是叠加，吸引学生的注意力，然后结合开头的例题讲授叠加定理的具体应用步骤。

其次，微课设计中的动画视频一定要有新意，且符合对应的课题，视频长短要适中，并且要有很好的逻辑连贯性，一般一节微课的播放时间控制在 8 分钟以内，所占据的内存空间大约是 100 M，教学内容集中在一到二个重要的知识点上，过多会给学生造成视觉和精神疲劳，容易影响学生的学习兴趣，不利于其课后的自主学习。

最后，微课设计过程中，教师要根据学生的课堂反馈进行相应的调整和补充，也就是教师要有微课教学的再设计思想，教师要不断完善自己的授课内容，微课制作也要逐步加以填充，这样才能发挥微课的真正作用，而不是制作一节微课就一劳永逸。

（三）微课在电工技术教学改革中的应用

传统教学理念认为，教学要以教师讲授为主，并且认为这就是教学的主要部分，甚至是全部。但是现在人们逐渐意识到，教学的关键是学生的学习，引导学生自发地开展有意义的、深刻的学习才是教学的核心。教师的讲授只是学生产生有意义学习的一个支撑部分，它还需要其他多方面的配合。因此，现代教学改革需要多方面的教学资源支撑，其中，将微课融入现代电工技术教学改革中，是一种创新的教学模式。

微课视频是教学的一个环节或一种资源，而非教学的全部。微课视频并不意味着完整的教学，还需配套其他的教学活动或教学环节，才能构成一个较为完整的教学环境，达到最好的教学效果。微课的讲解内容时间较短，但是内容是浓缩的精华。教师在课堂教学中，结合微课辅助教学，将课堂中不易理解或无法呈现的内容通过微课视频的形式展现出来，不仅使得学生对知识点有更好的把握，而且可以适当调节课堂气氛，集中学生的课堂注意力。

（四）微课在电工技术课程教学改革中的意义

1. 更好地满足学生自主学习的需求

学生具有差异性，而电工技术中涉及大量的抽象概念和理论，如果只是单纯靠教师在课堂上讲解，部分学生能够理解和接受的知识是远远不够的。学生可以借助手机或电脑进行微课学习，可以不受时间、地点的拘束，根据自己的时间安排，自主制订学习计划，完成学习任务，还可以根据自己的知识掌握情况，对疑难点进行复习和再学习，直到掌握为止。微课解决了学生课下找不到教师"解惑"的难题，培养了学生的自主学习能力。

2. 更好地促进教师的教学反思和专业成长

微课视频短小精悍，要在较短的时间内清晰明了地讲清一个知识点，这就要求教师具备良好的教学设计能力。同时，在制作微课的过程中，教师还可以发现教学过程中存在的问题，从而想办法解决问题，提高教学能力。微课的制作不仅牵涉教学设计和知识点讲解，还要使用网络和计算机方面的技术。通过学习和制作微课，可以极大地提高教师的信息技术水平。还有一点非常重要，通过网络教学平台，教师之间可以共享教学资源，分享教学经验，从而对提高教师的教学研究水平起到积极的促进作用。

3. 推动教学模式的改革

对高职院校的学生来讲，他们只有两年半的时间在校进行系统学习，剩下的半年时间要去企业实习工作。在校学习期间，他们需要掌握很多知识和技能，其中包括大量的理论知识和操作技能，如果采用微课教学与课堂教学相结合的方式，就可以很好地解决这一问题。学生课下利用手机或电脑进行自主学习，把疑难之处记录下来，课堂上，教师收集学生的问题，统一讲解。学生还可以组织学习小组，参与讨论，变被动学习为主动学习，这样不仅可以提高教学进度，还可以激发学生学习的热情，大大提高了学习效果。另外，微课还可以作为一种永久的复习资料保存下来，学生毕业后走向工作岗位用到该知识点时，亦可以随时随地学习，相当于虚拟的"第二课堂"。

微课作为一种新的教学资源，具有很好的应用前景，为教学模式改革和学习方法提供了新的途径，同时也要格外注意，"微课"的作用为"解惑"而非"授业"，它主要用于不受时间、空间限制的网络在线课后辅导，辅助课堂教学，不能代替课堂的新知识教学。实践证明，在电工技术教学中应用微课，提高了学生学习的积极性，增强了学生学习的兴趣，并提高了教学的效果，随着微课资源的建设和发展，微课将得到更为广泛的应用。

第四节　生活实例电工教学

在士官职业技术教育中，电工技术是电类专业必不可少的一门专业技术基础课。该课程基本概念多，理论性强，加之士官学员的基础薄弱，许多学员对该课程有一种畏难情绪。如果教学方法不当，必定挫伤学员学习的积极性，造成不良后果。因此，电工技术教学必须因材施教，注意理论联系实际，深入浅出，以激发出学员的学习兴趣，提高学员的学习积极性，取得预期的教学效果。那么，在电工技术教学中如何理论联系实际呢？笔者通过多年的教学实践，总结出了以下五个方面的经验。

一、借助生活常识，认识电工物理量

电学的物理量较多，一般都比较抽象，学员不易理解。在讲解过程中，我们应尽量借助生活中的经验和常识，帮助学员理解电学各物理量的概念。让学员深切感受到：看似陌生抽象的物理量，其实只要与生活实际联系起来，都能找到相同或相似的地方，从而加深对电工物理量的理解。

例如，学习"电流""电压""电动势"前，学员对"水流""水压""水泵"等概念已经有一定的认识，因此在讲解这些物理量之前，可以先复习以下知识："水流"是指水分子在"水压"的作用下由高水位向低水位的移动，而低水位的水又由"水泵"把它抽到高水位位置，从而保证高水位和低水位之间始终存在"水压"，使"水流"能不断循环。进而充分说明："电流"是指电荷在"电压（电场力）"的作用下，由高电位有规则地流向低电位，而低电位的电荷又通过"电动势"的作用，不断由低电位移到高电位，从而维持电路两端的"电压"和"电流"。

在讲述"电容器、电容量"概念时，学员很难想象和理解，教师可以用一般容器作为例子，指出"水桶"是一种容器，它储存的东西是"水"；"电容器"也是一种容器，只不过它储存的东西是"电荷"。水桶储存水量的多少取决于水桶的容量；同样，电容器储存电荷的多少取决于电容器的电容量（电容）。再进一步指出电容的大小与其结构的关系，学员就会融会贯通了。实践充分证明，借助生活常识指导学员认识电工物理量的方法，的确能够取得显著的教学效果。

二、探索生活与定律的密切关系

生活经验告诉我们，只要善于思考，就能发现许多生活现象都隐藏着电学中的某种定理、定律。如果在教学中恰当地将定理、定律融入生活实例中进行详细讲解，那么，抽象而深奥的电工理论教学就会变得趣味盎然，浅显易懂了。

如在讲解"基尔霍夫电流定律"之前，不妨先提出"自来水管总管的水流量和各支流水管中的水流量是否相等？""总自来水管和各支流水管的接头能否储存水？"等大家都能凭生活经验判断出来的问题。这些问题的提出，给学员们创造了广阔的想象空间，能让他们充分发挥出自己的想象能力。然后，教师抓住时机，讲解基尔霍夫电流定律的内容，学员们一定会很快明白其中蕴含的道理，即电流在电路节点中流动的情况和水流在水管各接头的流动情况相同，从而准确地理解定律的内涵。

在学习了"电磁感应定律"后，学员容易混淆线圈中磁场的"变化率"和"变化量"两个概念。我们可以通过举生活中的实例加以区别和理解。例如：汽车一小时行驶了100千米，自行车一天行驶了200千米，试问哪种车的速度快？哪种车走的路途长？显然，像这类简单的问题，学员们很快就能够回答出来。教师只要根据学员们本身所具有的理解能力，可以很方便地讲清楚"变化率"和"变化量"的区别，即变化率相当于生活中所讲的速度，而变化量相当于生活中所讲的路途，线圈中感应电动势的大小跟线圈中磁场的变化率成正比。待学员对定律的内容有了透彻理解后，再引导他们进一步联想，理解发电机发电的原理，进而讲述为什么发电机转子的转速越快，产生的电动势越大的道理。

三、善用课堂演示消化理论知识

在电工技术教学中，除了按教学要求完成常规的实验，在课堂上尽可能多使用教学模具以及相关的实验装置外，还应有目的地设计一些演示小实验，让学员在实验过程中感受理论，有助于学员对理论知识的消化吸收，从而透彻地理解理论知识。

电工基础是以实验为基础的科学，其中大部分内容都可以通过实验加以验证、总结。利用实验研究电工问题也是最具体、最理想的调动学员积极思维的方法，是帮助学员理解并掌握电工知识的有力手段。

例如，学员在学习单相交流电路时，总是忽视交流电的相位问题，在计算 RL 电路（电阻—电感电路）的总电压时，老是用代数求和方法代替矢量求和方法。根据这一情况，我们可组织学员开展电工实验，通过实验让学员客观地看到电阻端电压和电感端电压的相互关系，从而解决课堂上的疑难问题，加深学员对基本概念的理解。

四、利用实物教学，引发学习兴趣

电工技术课程中，既有系统的理论知识，也有具体的实际应用，其中很多内容都涉及电气元件以及设备的结构。教师在讲解这方面内容时，如果只按书面教材死板地讲解，学员一般都会感到抽象难懂，从而让学员觉得枯燥无味，严重影响学习热情。要解决这一问题，最好的办法是利用实物教学，即在讲解相关内容前，先让学员看看实物，从而提高他们探索元件和设备内部原理的积极性。

例如，在讲发电机、变压器时，首先应找一台发电机或变压器，拆开让学员观看其结构，条件许可时可通电运行一下，引发学员的学习兴趣。这样在讲解原理时，学员一般都会主动进行思考，配合教学并且对学习过程产生深刻的印象，从而达到巩固所学知识的目的。

五、透过生活现象，认识电学本质

许多电学知识就隐藏在生活现象中，在教学中，可以适时地"抛"出一些有趣的生活现象供学员思考。然后，引导学员用所学的知识进行解释。

例如，学员也许平时并没留意"为什么大功率灯泡的灯丝比小功率灯泡的灯丝粗"。仔细分析就能发现导体电阻与导体的几何形状有关的道理。在电路中，所通过的电流越大，在电压不变时，要求电路中的电阻越小，而电阻的大小与导体的横截面积成反比，所以要求大功率灯泡的灯丝比小功率灯泡的灯丝粗。通过这样的思维训练，学员的理论知识和实际应用能力都将得到进一步的提高。

总之，通过生活中所观察到的现象进行理论联系实际的教学，可激发学员对理论知识的学习兴趣，提高学员对事物的观察能力，从而使学员扎扎实实地学好电工基础知识，增强实践操作能力。

第五节　电工技术教学效果

本节结合高校电工课程的实际教学情况，对电工课程的教学方法做一些思考，以提高实际的教学效果，进一步培养出具有一定的专业理论知识和实践能力的技能型人才。

一、实验教学

电工教学是职业学校电类专业培养学生能力的一个非常重要的基础，由学生通过学习理论知识，实验练习，以及反复地实践来获得技能。通过学习电工技术，电相关专业的学生在一段时间内要掌握基础知识并达到电工中、高级工技能水平，电工教学无论从内容还是形式上都要有深刻的变化。在电工电子理论教学中，首先应该根据社会发展对人才的需求，有针对性地对课程的教学内容进行选择。而实践教学一般在实验室进行，如何培养学生的动手能力，提高他们做实验的兴趣，激发出他们的创新能力，提高教学质量，关键应该格外注意课程内容的选择、探索新的教学方法和手段，提高教学效率，加强教学管理。

从学生的角度来说，他们不太喜欢枯燥无味的理论而希望动手，他们多数只凭乐趣而学习。从现在的职校学生的素质来看，不少同学在学完电工后不久，就会忘记基本概念、工作原理，只能记住当时做的实验。因此，我们编写校本教材和实验工作页来解决相关问题。电工技术就是一门理论联系实践的课程，所以应着重培养学生的动手能力。当然在教学中，我们要加强理论与实际相结合。在实际的电工工作中，要求学生正确掌握电路的基本概念，熟练运用各种计算公式，在实验中认真遵守各种安全规则，完成每次的实验任务。例如，如何更换因线路过载或短路造成熔丝熔断的熔断器，就是一个很好的实验任务。更换熔丝看似简单，但是如何选择熔丝的材料与粗细，那就需要学生有很好的理论知识，否则不知道该如何选择，其次还要考虑到安全问题。

二、实验分层

根据学生的学习效果，我校的实验课的内容可分为基本实验、设计实验、课程设计。

（一）基本实验

基本实验主要是教师根据课本相应的理论编写实验工作页，培养学生的动手能力，要求学生学会使用万用表等仪器，进一步使学生理解课程内容的基本概念和工作原理。基本实验的内容要求学生按实验工作页的实验要求、步骤、内容，独立或小组合作完成实验。从长期的教学过程中发现，学生对实验数据的分析不是很理想，一般都是做完实验就认为自己的事情已经完成，忽略了对实验数据的分析。其实分析实验数据也是一个很重要的过程，对定理、原理的论证培养了学生分析问题和解决问题的能力。

（二）设计实验

在一个知识学完后，还会对学生进行实验考核，即设计实验。主要是要求学生能够根据所学内容，自己设计具有某种功能的电路和电路图，并能自行选择实验所需元器件，设计实验数据需填的表格，最后分析实验结果。要求学生运用在课堂上所学的理论知识独立或者小组合作解决一个实际问题，这样能够很好地培养学生的创新能力和分析问题的能力。学校每年都举办技能节，平时电工理论和技能较好的同学的优势在技能节上能明显展现出来。

（三）课程设计

课程设计主要要求学生在学完电工技术课程并且学习一部分专业课的基础上，综合运用好几门课程的相关知识，通过设计电路、安装与调试电路线路，培养学生的综合能力，也为学生在离校前的毕业设计以及以后的工作打下良好的基础。学生初次接触到课程设计，可能有点措手不及，但是课程设计是对教学内容的一个很好的检测手段。在课程设计中，要求学生能看懂基本电路图，画出方框图，具备分析电路的能力；会到图书馆去查阅相关资料，能够根据电路的要求合理地选用元器件，设计相关参数，组成电路，最后调试成功。学生在完成课程设计后，写出心得体会，写一份设计报告。这对他们的专业课程的学习也是一个考核，让学生应用所学知识亲自设计、安装并且调试一个实际的电路，真实地感受一次设计的过程，是对所学理论知识的一个总结与提炼。在进行课程设计的时候，首先在选题上要做到与原来的学生掌握的知识联系密切，难易适中。如果选的课题太难，学生就会没有兴趣；但是如果太简单，又达不到预期的效果。电在实际生活中几乎是无处不在，结合身边的照明或电器安装调试，学生的兴趣会很快就被吸引过来了。

三、实验教学管理

在平时的实验教学时，如何加强实验教学管理呢？首先实验室能够正常运行并且要有完整的实验室管理制度。学校实验室有相关的实验员安排实验室的使用，这就很好地避免了班级冲突，保证了实验的正常进行，也加强了实验设备的管理，每个班级进入实验室都会有相应的记录。实验后如果出现损坏要及时提醒实验员及时修理和更换。如果是一些轻微的损坏，可以教学生自己修，学生修完后就会很有成就感，肯定对电工这门课非常地感兴趣。大的损坏要由实验员及时向厂家报修，保持实验设备能够正常运作。其次是业余时间适度开放实验室，尽量满足学生课外实验的要求。学生在课堂未完成实验，可以利用中午或其他时间去实验室完成。学生做实验前必须预习，实验后认真填写实验工作页。在实验教学过程中，认真对待实验教学的各个环节，特别是，老师要认真监督学生严格按照实验工作页上的实验要求、步骤来进行实验，认真检查学生的实验电路，学生要记录好每次实验的数据，发现问题及时纠正辅导，培养学生严谨的实验作风。

作为一名电工技术专业教师，应要求学生学好电工技术，需要在教学过程当中不断地选择合适的教学方法，去端正学生的学习态度，使他们勇于创新。

第三章　电工技术教学模式

第一节　电工技术情景化教学模式

电工电子技术专业是当前职业学校开设的最重要的专业之一，教师在教授电工电子技术课程时，主要对学生的实践能力和操作能力进行重点培养。但是在传统电工电子技术课程教学过程中，由于教师一直运用单一的教学手段，导致学生的电工电子技术操作能力不强。因此，教师要善于运用当前信息化的教学技术来对学生进行情景化的教学，促进学生电工电子技术的显著提高。

一、情景化教学在电工电子技术教学中实施的原因

（一）职业学校学生的学习问题

当前社会，人们对中职院校教学内容了解不充分，导致当前职业院校生源不足。因此，许多中职院校开始降低录取分数线来保证生源的稳定，致使职业院校的学生整体素质和学习能力偏低，教师在教授学生电工电子技术相关内容时，遭遇到了许多阻碍。而且由于大部分教师教学手段单一，使学生学起来比较困难。另外，学生由于在以往的受教育过程中没有养成良好的习惯，从而导致进入职业院校之后无法适应职校的学习生活，很多学生对电工电子技术专业学习的兴趣不高，总是抱着混文凭的学习态度学习。因此，为了使学生真正地在职业院校中学习到技术，只有创新教学手段，才能解决当前学生的学习问题。

（二）课堂教学问题

大多数职业院校的学生在课堂上学习电工电子技术时上较为被动，大部分教学内容都由教师根据自身的教学经验和教材内容来安排，导致教学效果往往达不到预期。另外，由于在教授电工电子技术课时，教师在课堂上主要讲述理论知识，而忽略了学生实践能力的培养，从而导致学生的实践能力低下。还由于一些家长不重视电工电子技术，家长的心态也影响了学生在课堂中的积极性和热情。综上所述，学生学习电工电子技术时，如果没有理论知识，在具体实践中就会处于迷茫的状态；如果缺少实践，就

会是纸上谈兵，因此，实践和理论知识同样重要。为了有效避免理论与实践的脱节，实行电工电子技术情景化教学是一种新的尝试。

二、情景化教学方法在电工电子技术教学中运用的原则

在电工电子技术课堂教学中，情景化教学方法是学生较为认可的教学方法，可以达到教师所预期的理想教学状态。情景化教学方法使学生在轻松愉悦的课堂氛围中掌握相关电工电子技术的理论知识，因此，为了使情景化教学可以对学生的电工电子技术学习效率产生预期的教学价值，教师须遵守情景化教学在电工电子技术课堂教学中的实施原则，这也有利于电工电子技术情景化教学的有序开展。

（一）趣味性原则

教师在电工电子技术基础上运用情景化的教学方法时，一定要注意所创设的情景内容要最大限度地激发学生的学习兴趣。因此，教师一定要遵守趣味性的情景化教学原则来合理地开展相关教学内容，使学生可以在教师所实施的情景化教学中调动自身的学习主动性。例如，教师在讲述串联和并联电路应用时，在向学生讲述完相关的理论知识后，要让学生根据课堂所讲述的内容亲自操作改装电路图，学生可以拿自己改装的电路图作为实验测试内容。在这个情景化教学的过程中，教师通过让学生自己动手操作来进行实验，有利于激发学生课堂的积极性和兴趣。相比于以往的电工电子技术教学，这种趣味性的教学方法可以激发出学生对未知数据的探索欲望，使学生在整个实验过程中可以保持较高的积极性。

（二）主体性原则

教师在电工电子技术情景化教学的过程中，所安排的课程内容一定要根据学生当前的学习状态和技术能力来合理安排，一定要突出学生的主体地位，尊重学生的学习意识，这有利于学生在电工电子技术情景化教学中，重新树立对知识内容学习的自信心，促进学生激发自身的学习主动性，教师提高课堂教学的效率。

（三）实用性原则

在中职院校的电工电子技术教学课堂中，由于该课程内容本身的特性，学生在学习的过程中需要记忆较为繁杂的理论内容，从而导致学习积极性和热情得不到显著提高。还由于教师教学手段的单一，导致学生很难将课堂学习到的理论运用到实际操作中，甚至有些学生在教师讲述电工电子技术理论知识时产生了抵触的心理，因此，教师为了解决学生当前的学习困难，需要在电工电子技术情景化教学中突出实用性原则，要多运用和借鉴现实生活中的实例来进行教学，使学生可以从真正意义上透彻地了解课堂所讲述的理论。教师在进行电工电子技术情景化教学中，要向学生讲述有关电工

电子技术专业的实际用途，使学生理解操作要求和学习目标，可以在学习的过程中有针对性地进行操作和学习理论。

（四）系统性原则

由于电工电子技术课程结构较为复杂，学生需要对电工电子技术课程的每一个环节都进行深刻的记忆，由于职业学校学生的学习能力有待提高，学生很难将电工电子技术进行系统化的知识归纳。教师为了提高学生学习电工电子技术的效率，需要在情景化教学的过程中将每一章的内容整合成一个课题来向学生进行讲述，须符合学生当前的学习水平和认知规律。

三、在电工电子技术教学中运用情景化教学分析

（一）创设问题情景

情景化的教学方法主要是让学生在教师所创设的情景中进行自主探究学习。因此，教师为了使学生可以在所创设的情景中最大限度地激发自身的学习兴趣，应当根据学生感兴趣的内容或者与学生实际生活密切联系的内容提出有关电工电子技术的问题。比如，教师在教授功率放大器组装和调试教学内容时，可以在情景化的教学中向学生提问：学校在举办新年晚会时，由于舞台录音监听的声音不够大，学生不能清晰地听到主持人所讲述的内容，那么如何将音源器材中的输入信号进行放大？教师在情景化教学模式实施的过程中，向学生提出带有趣味性并且十分贴近生活实际的问题，可以自然而然地引导学生进行导入功率放大器的组装与调试内容的学习，使学生的课堂学习效率得到有效的提高。

（二）明确教学目标

在电工电子技术教学课堂中，功率放大器的组装和调试内容占据了绝大部分的课程内容。因此，教师要将教学的重点放在对功率放大器的组装与调试内容的讲述上，学生在学习该部分内容之前，已经了解了示波器和毫安表的使用方法，并且还对示波器内的原件以及故障维修原理进行了初步了解，因此，教师在讲述功率放大器组装与调试内容时，应该将教学重点放在让学生掌握三极管的电流特征内容上，让学生在教师所创设的情景中了解工作电路的特征和设计，从而可以进一步掌握功率放大器的调试工作。

（三）利用小组合作的学习方式

由于电工电子技术理论知识较为烦琐，学生如果采用自习的方式，学习效率得不到显著的提高，所以教师可以在电工电子技术情景化教学的过程中，运用小组合作的

方式来让学生共同探究未知的知识。比如，教师可以根据全班学生的学习水平和基础知识掌握水平来划分相应的合作小组，并且要求每个小组成员根据自身的学习水平来领取相应的探索任务。在小组成员内，可以由两个人负责万用表或者是示波器的直流稳压电源检测，小组中的另外两个人则负责三极管放大电路的数据分析，使学生在小组合作探究过程中可以充分发挥学习的主观能动性。另外，教师在学生完成了对课题内容小组合作探究之后，一定要向学生讲述有关三极管放大器电路故障分析方法等探究内容，使学生可以充分地掌握正确和全面的三极管放大器的内容。

由于在传统的电工电子技术教学中，教师运用单一的教学手段来向学生讲述电工电子技术的课程内容，导致学生的学习兴趣得不到有效提高。因此，教师为了提高学生电工电子技术的操作能力，需要在当前课堂教学中运用情景化的教学方法，使学生可以全面地理解电工电子技术的理论知识，教师还要在课堂教学中利用情景化的教学方法来为学生提供实践操作的锻炼机会，这将有利于学生学习效率的提高。

第二节　电工技术基础智慧课堂教学模式

课堂是学校教育教学改革的主战场，抓好了课堂就掌握了教学质量提升的关键。教育信息技术的高速发展为课堂教学的持续变革提供了技术保障。2018年10月，教育部出台的《关于加快建设高水平本科教育全面提高人才培养能力的意见》中明确指出：推动课堂教学革命，大力推进智慧教室建设，构建线上线下相结合的教学模式。重塑教育教学形态，加快建设多元协同、内容丰富、应用广泛、服务及时的高等教育云平台，打造适应学生自主学习、自主管理、自主服务需求的智慧课堂、智慧实验室、智慧校园。由此可见，运用信息技术变革和改进课堂教学，对提高教学效果、加速教育教学改革具有重要的意义，构建智慧课堂是当今教育改革的必然趋势。

一、智慧课堂

传统课堂是以教为中心，强调知识传授，传统多媒体教学则"望屏解读"，学生被动接受知识。基于教学视频应用的翻转课堂将传统教学流程颠倒过来，从"先教后学"转变为"先学后教"。智慧课堂是利用先进的信息技术手段实现教学环境智能化、教学决策数据化、资源推送智慧化、交流互动立体化、评价反馈即时化的课堂教学环境，在教学观念、教学内容、教学手段、教学方式和教学流程上都与传统教学不同。智慧课堂从翻转课堂的观看视频转变为课前预习、测评分析及反馈，从"先学后教"转变为"以学定教"；智慧课堂以学为中心，学习与智能测评在前，教师依据课前测评分析，有的放矢，分层教学，实现个性化教学和因材施教，全过程即时地交流互动，全方面实时地评价教学。

学校以课堂教学革命为突破口，全面深化教育教学改革，推进一流本科教育的深入改革与实践，通过课堂革命，激励学生勤学悦学慧学。2012 年开始，学校在课堂上使用课堂表决器，为考试改革、过程性评价等教学改革提供有力支撑。在总结了课堂表决器使用经验的基础上，进行功能优化升级，开始基于智慧教学环境的课堂改革，从教室开启本科教育变革。学校投入了 2 亿多元全面推进"教室革命"，打造手机互动教室、移动网络互动教室、多视窗互动教室、远程互动教室、多屏研讨教室、灵活多变组合教室、专用研讨室等类型的智慧教室。2016 年秋季学期，学校正式启用的智慧课堂系统实现了师生与教学资源、信息技术、教学环境的有机结合，为教师教学模式的开展、教学方式的变革提供了坚实的基础。在这个基础上，学校全面实行"启发式讲授、互动式交流和探究式讨论"的课堂教学改革，让学生真正"坐到前排来、把头抬起来、提出问题来、课后忙起来"。"电工技术基础"课程也积极响应学校的课堂改革，尝试和探索使用手机互动的智慧教学环境，努力构建高效课堂、智慧课堂。

二、电工技术基础智慧课堂探索

电工技术基础是非电类工科专业的专业基础课，课程内容多而广，但学时少，教师授课时不能对每一个理论知识模块面面俱到地讲解。教师应讲得少而精，着重讲知识的背景，讲述基本框架、重要的概念、理论、分析方法和学习方法，讲重点、讲难点、讲获取知识和信息的方法与手段，而学生要学得多而广。教师授课主要起导学的目的，以灵活多样的方式调动学生的积极性、主动性，引导学生拓展学习空间，把课内学习延伸到课外，将大量的基础学习和深入学习工作交给学生课前及课后去完成，促使学生自主学习。基于智慧教育的课堂教学模式开展教学，以学生为中心，以课程内容和特点为设计基准，以师生互动为关键，针对课堂教学的各个环节，设计课前、课中、课后以及考评的新型教学模式。

（一）课前

利用智慧教学环境，教师须即时推送学习资料和课前测验，教师依据课前测评分析，进行学情分析，掌握学情，优化教学设计。按照教师推送的学习资料，学生先进行预习。教师课前还要精心准备几道课前测验，题的选择要恰当，难度不要太大。通过课前测验，除能督促学生进行课前预习外，教师还可依据学生的课前预习、测评分析及反馈，进行综合学情分析，精准掌握每位学生的预习情况和学习行为，以此来确定教学起点，优化教学预设和实施策略，拟制合适的教学设计方案，组织更加合适的课堂教学，实现"以学定教"，做到因材施教。

（二）课中

在智慧课堂环境下开展多种形式的互动，，既能督促学生学习，又能使教师得到及时的反馈，精准掌握学生的学习情况，及时调整下一步的教学安排，有效优化课堂效果，还能提高学生学习的主动性和积极性。教学安排主要包括：

1. 课堂测验

每次上课的前几分钟都有五六道小测验，均是根据上一次课的重点内容精挑细选的选择题，通过这几道小测验可以就上一次课的内容对学生进行考查，学生的答题情况以柱状图的形式即时呈现，这样便于教师实时分析、诊断学生的整体学习情况。教师可以根据学生的答题情况，有侧重地通过讲评进行复习，加深学生对所学内容的理解，这样可以督促学生课后即时复习消化，同时也使学生按时到教室。

2. 课中互动

课中的互动是关键。利用智慧教学环境可以开展多种形式的交流互动。如在课堂上穿插一两道抢答或随机抽答题目，题目最好能结合工程实际，可以充分调动学生的学习兴趣和学习积极性。学生若是有不解之处，可以通过弹幕让教师及时了解；弹幕上偶尔滑过的调侃使教师与学生在课堂上不仅有内容的交流还有情感的交流，这些实时的交流互动将课堂从"一言堂"变成"学习共同体"，既能让课堂气氛更加活跃与开放，使学生乐于学习，又能方便教师及时得到学生的反馈，掌握学生的情况，进行针对性指导；师生、生生之间无障碍地即时交流互动，使知识在教师与学生、学生与学生之间传递、交流与互动，最终实现高效的课堂教学效果。

3. 探究式讨论

在智慧教学环境下，可更加方便地开展探究式小班课堂教学改革，调动学生学习的积极性、主动性和创造性。在进行课堂探究讨论时，由教师通过智慧教学云平台布置学习探究任务和提出要求，组织和指导学生的合作探究活动，可将学生按照某一规则（随机、预设、手动或自选）分组，开启"教学分组"模式，同组学生交流讨论，提交答案时可指定一人提交，或以本组内最后一名提交者的答案为准，小组选派或教师指定一人进行陈诉或讲解，由教师打分或同学打分，最后系统自动统计分组得分情况，作为讨论课成绩。

（三）课后

课后辅导是对课堂教学内容有益的、必要的补充，能及时弥补学生在课堂中存在的知识漏洞。教师可以随时登录智慧教学云平台，查看每次课的互动情况与答题情况等学情分析报告，既可以了解每个知识点的学生整体掌握情况，又可以清晰地看到每个学生的学习情况，可以有的放矢地为不同层次的学生提供不同的辅导与答疑。在课程进行到一半时和课程快结束前，私信通知随堂测验正确率低的学生前来单独答疑与辅导，这样能及时帮扶学习吃力的学生，使他们不带问题到期末，使期末考试不及格的学生数量能远低于其他没有使用智慧课堂的班级。另外，学情分析报告用具体数据帮助教师甄别哪些内容需要精讲、哪些内容需要略讲，有效地进行教学反思，避免课堂讲授的盲目性，以便在今后的教学中进行改进。

（四）考评

利用智慧课堂不仅能对学生的学习全过程进行动态、实时的反馈，教师可以此为基础适时调整教学策略、促进教学效果的提升，还便于对学生的学习全过程进行考核和评价，有助于构建全过程学习评价体系。我们改变了"一卷定乾坤"的简单考核方式，加大过程考核成绩在课程成绩中的比重，利用智慧教学环境完善学生学习过程监测、评估与反馈机制，严格过程考核，以考辅教、以考促学，激励学生去主动学习、刻苦学习，实现了"全过程考核、非标准答案考试"的课程评价改革。我们采用的课程考核方式改革具体方案为：课程考核采用期末考试40%，随堂测验40%，讨论课成绩、平时作业与论文报告20%。课程结束后在智慧教学云平台导出所有上课签到情况与随堂测验的成绩；课程开始就给学生布置了一篇作业，例如：关于电路中对偶的总结报告，该总结报告在期末上交，作为期末总成绩的组成部分；期末考试增加了非标准答案试题，使命题具有高度的灵活性、探究性和开放性，全面考核学生对知识的掌握和运用，为学生充分展示其聪明才智提供了一定的机会和条件，也有助于健全能力与知识考核并重的多元化学业考核评价体系。这些措施使本课程实现了课程考核全程化、评价标准多样化、考核方式多样化、考核结果动态化。

智慧课堂环境下的课堂教学模式借助信息技术开展课堂教学改革，在教学环境、教学观念、教学内容、教学方式、教学流程、教学考核上实施变革。智慧教学环境实现智能化，学习资源媒体化（实时同步），学情掌握精准化，教学决策数据化，交流互动立体化，评价反馈即时化，课程考核全程化、考核结果动态化。基于智慧教学环境的课堂改革，有效利用信息技术实现个性化施教，以学生为主体、教师为主导，积极引导学生学习。对全面深化"以学为中心"的教学改革，提高课堂教学效果，具有重要的意义。

第三节　电工技术开展"课程思政"的教学模式

习总书记在全国高校思想政治工作会议上提出，要利用好课堂教学这个主渠道，各类课程要形成协同效应。因此，很多高校针对思想政治元素融入各个课程进行了大量研究，旨在建立全方位、全过程的"课程思政"体系，为推进"课程思政"做出了积极贡献。但是，目前各专业课程的"课程思政"教学模式尚未形成完善的体系，本节以电工技术课程为例，不断挖掘本课程的用电安全意识、防火救灾、工匠精神等思想政治元素，将专业知识与大学生思想政治教育相融合。使学生在掌握专业电工知识的同时，提高自身的思想政治水平，从而实现电工技术"课程思政"的教学目标和要求，真正做到三全育人。

一、电工技术课程中的主要问题分析

（一）课程材料不统一

目前，中国许多高校都开设了电工技术基础课程。电工技术基础课程在我国处于快速发展阶段，但仍存在不足：教材内容不统一，学科背景不同，课程内容不同等。因此，为了今后电工技术基础课程的稳定发展，应要求高校教师为本学院的机电类专业编写一套专业性强、针对性强和实用性强的教材。

（二）课程体系不完善

目前，许多高校在开设此类课程方面仍然存在许多问题：课程体系不健全，课程设置不全面，相关课程的安排不合理等。可以说整个系统缺乏科学、清晰的知识结构。在此类课程的课程体系改革中，应注意将学校开设的相关课程的实际情况与专业培养目标相结合。为了促进学生电学基础知识的掌握，我们必须认真对待，认真研究和论证，做好相关课程之间的衔接，合理安排课时，不用再开设其他无关的课程。

（三）资金投入不足，对思想政治教学的重视不够

高校应重视机电类专业的培养，因为在近年来的社会发展中，此类学科的重要性日益凸显。因此，一是，资金的投入要有针对性。在改善教学硬件方面，我们必须重视专业实训室和计算机室的建设，增加专业书籍的收藏，投资学生的研究和实习；二是增加教师队伍外出学习和科研的机会，重视与其他高校的交流学习，营造良好的教学环境。在教学过程中，学校和教师往往重视专业技能和实践训练，在专业课中容易忽略学生的思想政治教育，似乎学生的思想政治教育完全是班主任和辅导员的责任。实际上，在每个学生成长的过程中，思想政治教育需要各个方面的渗透和引导。爱国精神、传统文化与职业技能只有不断地相互渗透，才能取得良好的效果。因此，在机电类专业课程中，所有课程都要求学生明确发展自己的道德思想，培养自己的责任和能力，日常专业教学中，每位老师都需要融入爱国主义教育和文化素养，通过这种方式，可以扭转职业技能教育中缺少思想政治元素的现象。应将爱国主义教育、职业技能教育更好地、更全面地纳入专业课程，从而为社会培养高素质、爱国的专业人才。

二、电工技术课程思想政治元素及教学目标改革分析

电工技术作为高职工科学生的一门核心基础课程，主要目标为提升学生的电工实践技能，重点学习电路基础、电路分析、交流电路、电工仪器的使用、电工安全操作等实践技能，但是学习内容中缺乏思想政治教育内容。因此，在该课程中融入"课程思政"元素，培养学生的敬业奉献、精益求精、团结协作的工匠精神，在教学中培养学生的爱国精神，引导学生践行社会主义核心价值观具有重大意义。

教学目标变革：① 引导学生培养良好的学习习惯、学习态度，掌握学习的方法，通过知识的讲解，引导学生树立远大理想，践行社会主义核心价值观。② 积极引导学生在学习电工专业知识的同时，培养学生树立良好的职业素养，遵守职业操守，弘扬精益求精、一丝不苟的工匠精神。③ 通过电工电路的设计、实践，不断鼓励学生创新思维，激发学生脚踏实地、奋力拼搏、勇于挑战困难、发扬团队协作的精神。

三、"课程思政"融入教学设计和实践

在分析"课程思政"的元素和融入点后，要想将思想政治元素完美地融入电工技术的教学过程中，需要合理地设计教学的各个环节，生搬硬套不仅对专业知识的讲授带来不良影响，更无法真正融入思想政治元素，可能出现两张"皮"，无法达到思想政治育人的目的。

以正弦交流电路"功率因素的提高"为例，学习目标是让学生掌握什么是功率因素、为什么要提高功率因素、如何提高功率因素等专业知识。在讲解为什么提高功率因素时，通过讲解功率因素提高的意义以及企业电气设备功率因素没有达到国家规定的惩罚措施，通过让学生观看具体案例视频，然后小组讨论，启发学生思考。不仅仅通过老师灌输式地传达思想政治元素，老师抛出"大家从这个案例想到了什么？"或者"通过这个案例，我们应该养成什么样的品格、品质？"，让学生分组进行讨论，再分享各组讨论的综合结果。老师再根据讨论的结果进行点评、引导，通过思想政治活动的开展进一步加深学生的印象，引导学生做诚实守信的时代青年，弘扬中华民族传统美德，践行社会主义核心价值观。在讨论过程当中，学生可能会给予老师更多的思想政治观点元素，有利于后续进一步完善本门课程"课程思政"的教学。

在课程项目培训教学过程当中，要求每个人严格按照行业规定和国家有关政策进行操作，在学习过程中充分培养学生的职业道德。在实践操作过程中，对学生进行隐性的职业教育和技能培训，帮助他们养成良好的职业习惯，帮助他们制定清晰的职业规划。在这个过程中，职业道德的培养可以在一定程度上影响学生实践锻炼的积极性，

提高学生参与活动的积极性，使学生积极参与学习，自主学习。通过这一阶段的学习，学生不仅可以提高自己的学习水平，而且可以在将来进入职场时更加冷静地处理所面临的问题。

四、课程考核机制的设置和完善

课程考核评价是引导学生学习的重要指挥棒，因此"课程思政"要同时修订我们对学生的考核机制，要将职业素养等思想政治元素也作为考核学生的一部分。采用多元考核评价机制，利用学生在电工技术学习过程的综合性操作成果以及过程性考核的双重结合形式进行考核评价。过程性考核包括考勤、职业素养、安全等。例如，学生讨论、分享参与的过程，通过"云班课"的活动参与获取经验值，将其纳入到学生过程性考核中，同时讲解电工技术课程中的重点，将安全用电、绿色环保等事项作为重点考核项目。将课程考核评价标准从重功能、轻素养向工艺、技能、职业素养同时并重转变，对学生在电工实操中出现职业素养、损坏工具等问题，要给予扣分处理。调整后的项目评分，建议将项目知识学习、项目工艺以及职业素养等思想政治元素的学习、掌握设定一定比例，如各占50%。再坚持过程性评价和成果性评价相结合的原则，综合考查学生的综合素质，培养综合型技能人才。

"课程思政"是构建高效思想政治教育课程工作体系的重要一环，本节以电工技术课程的思想政治融入为例，分析了课程的思想政治元素、教学目标变革等情况，同时对"课程思政"元素融入专业知识的教学模式进行了设计，丰富"课程思政"的授课形式，以各类真实案例引导大学生树立正确的爱国情怀、社会责任、个人理想信念，培养他们的专业知识，提高他们的思想水平，使他们全面发展。通过对"课程思政"的不断实践，修订思想政治教学的内容和目标，修订、完善思想政治课程的考核机制，真正做到全过程育人。

第四节　电工电子技术线上线下混合教学模式

在国家大力倡导"自主学习、合作学习、探究学习"的理念下，结合学校人才培养目标以及对电工电子技术课程的需求，课堂教学应从传统以"教"为中心的教学模式，向相互交流沟通辅以现代教学手段，以"学"为中心的对话模式转变。学生在课堂教学中具有主体地位，通过师生间互动、学生间问题讨论交流与项目研究合作等活动，构建出基于线上与线下相结合的递进式混合教学模式。

电工电子技术是面向非电类工科专业学生开设的专业技术基础课程，自2017年以来，课程团队以成果产出为导向，以学习知识、提升能力和培养素质为目标，开展一系列教育教学改革。2018 年开始研究性教学改革；2019 年尝试翻转课堂，积极探索线下研讨式、对话式教学；2020 年课程团队积极开展在线教学。通过总结前期线上线下教学改革尝试和探索经验，全面开展课程改革，充分发挥出线下教学、翻转课堂及线上课程优势，基于 OBE 教育理念（成果导向教育）关注学生全面发展，引导学生思考和创新，着力培养学生解决问题的能力，进行翻转课堂与线上线下混合教学模式改革。

一、教学存在的问题

（一）教材方面

教材版本更新慢，教学内容中的例子较为陈旧，教学与实际脱节。如电路的模型例子中使用的是手电筒模型，而现在手机自带手电筒模式，学生很少使用传统的手电筒，陈旧知识难以激发出学生的学习热情。

（二）教师方面

传统的"填鸭式"教学模式，教师上课"满堂灌"，学生只是课堂的观众，教师与学生之间无互动或互动少，教师在课堂上唱独角戏，而忽视学生的主体地位。

（三）学生方面

在传统教学模式中，学生参与少、思考少、收获少，缺乏主动获取知识的探索精神。教师讲什么，学生表面都能听懂，但是要求应用知识点求解题目时，学生却不知道如何分析和求解。

现代大学生虽然求知欲望较强，但自觉性较差，进而对理论基础知识的学习缺乏积极性和主动性。如何打破这一僵局？我们可以从大学生接受新知识快，对新事物、新科技有好奇心的优点出发，改变"满堂灌"的课堂模式，增强师生之间互动，让学生真正成为课堂的主角，融入课堂。

（四）课堂组织形式

传统课堂、翻转课堂、线上慕课。

二、课程教学内容及组织实施

（一）课程教学内容

电工电子技术由电工和电子技术两大部分、六个模块组成。基于课程教学大纲，根据基础知识、重点知识和难点知识进行知识点拆解，20% 的实验课用来解决工程案例，将问题导向的教学理念贯穿整个课程。通过梳理本课程知识，涉及主要知识点 33 个、原子知识点 85 个、配套案例 14 个。学习电路分析基础和三相交流电路、基本放大电路，使学生具备电工电子的基本知识和技能；学习电动机及其控制电路设计、放大器及应用、组合逻辑电路器件及应用等，使学生了解和掌握电子器件的选择和电子电路的基本设计与实验方法；分析实例、课堂分组研讨、实验操作和仿真等，使学生树立工程观、安全责任意识和严谨的科学态度，具有分析和解决问题的能力。

（二）学情分析

为培养高素质应用型、研究型和复合型人才，针对不同学院不同专业的学生，传统的单一课堂教学模式难以满足个性化、多元化的新工科创新人才培养要求。下面分别从教、学、考三个维度对学情进行详细分析。

教：电工电子技术理论知识抽象且枯燥，教学内容多、课堂教学时间少。传统教学模式学习效果差，学生不及格率高达 15% 以上。

学：学生好奇心强，喜欢新事物，但是理论学习动力不足，实践操作能力不强。教学对象是大二本科生，学生学习能力和自觉性方面，个体差异大。

考：传统考核方式注重结果考核，方法单一，以闭卷考试结果来衡量学生对知识的掌握情况和教师的教学效果，实际上不仅要考查学生的知识掌握情况，还应该考查学生收集、整合、实践等综合能力。

（三）课程教学组织实施

基于对前期探索的总结，电工电子技术课程采用微课、动画的形式帮助学生理解，内化技能操作知识，设计了项目及案例导向的线上线下混合式课堂教学模式。将传统课堂、翻转课堂以及线上课程的优势相结合与互补，以学生为中心，以学生的接受能力为出发点，以知识传授与能力培养为目标，提升学生自主、合作和探究学习的能力。教学改革与实践实现学生个性化、多元化培养，强化动手能力，提高课堂效率，提升人才培养质量。

1. 实施方法

课前：分组学习，根据教学目标提出预习要求和相关问题的思考，要求学生就课前问题进行协作讨论、收集分析资料，通过线上平台和线上资源构建知识体系，提升学生的理解能力。

课中：根据预习情况进行小组发言与总结，通过探究式的讨论发言完成知识的内化过程。教师根据目标合理设置针对性的任务，这些任务是课程内容的形式与中心，针对这些任务进行师生、生生互动。在过程中，注重课堂教学组织与管理。在内容设计上，以兴趣迁移与拓展贯穿课程始终、选择多样化教学资源以引导学生思考知识点关联关系，提炼方法应用要点，向工程实际延伸的层次进行探究式案例设计。围绕深度学习进行课程和具体活动的设计,从而促进学生深度学习,让学生成为课堂的主体和主人,让教师在课堂教学中起到引导的作用,让学生从传统教学课堂中的被动接受者变为现今课堂中的主动学习者。

课后:线下小组讨论可以增强团队协作能力,从自然、生活、社会中激发和培养学生的学习兴趣。探索学生由"学会"的句号课堂向"会学""会思考"的问号课堂转变,让学生会思考、爱思考。

2.实施模式

在电工电子技术教学中以学生为中心,以学生自身素质的提高为目的,充分重视、发挥和挖掘学生的潜能;采用讨论式、协作式、项目式、个别化等多种教学形式培养学生的创新精神和创新能力,激发学生解决实际问题的能力。

(1)将知识课堂向能力课堂转变。学习方法是学习的根,解决问题和创新的能力是学习的本,教师通过引导、启发,提升学生获取知识信息的能力,通过讨论、思考和实践来寻求解决问题的办法。

(2)将封闭课堂向开放课堂转变。教学场地不局限于课堂,可以在实训基地、实验室,甚至是工厂开展教学活动。如讲解功率因数提高时,最好选择配电房或实验室作为教学场地。

(3)将句号课堂向问号课堂转变。以"学思并重、知行合一"为理念,以工程案例为引线,采用探讨式教学模式培养新工科高素质人才。鼓励学生从中发现问题、分析问题和创新思维,利用理论知识解决生产实际和生活中的问题。例如,在介绍电桥电路时,向学生提出问题:电桥电路有哪些应用?主要用在哪些领域?生活中有哪些实例?例如电子血压仪是如何工作的?电子秤的工作原理是什么?

三、教学改革与实践

在线上利用教学平台创建丰富多元的教学资源,运用创新理念和观点在实践和实验中应用理论,充分调动学生的主动性,激发学生的热情,实现学生潜能的挖掘、知识的补充与拓展。线上教学和线下课堂相融合促使学生自主、移动、泛在、深度学习能力的提升。采用项目协作的方式可以激发出学生学习的兴趣、动力和潜能,强化学生学习的主体性,培养学生的综合能力。

(一)课前线上预习

搭建智慧教育平台,完成线上学习。构成一个开放、共享、创新、优质、闭环发展的平台。根据学生综合能力差异进行分班分类教学,以人为本、因材施教。课前线上思考与预习:依据教学内容,课前头脑风暴,培养独立思维,通过课前小测试实行"以考带学"的教学模式,深化学生对基础知识的学习和理解。

（二）课中线下课堂教学

课中线下采取情景模拟、案例分析、技能比赛等形式实现能力提升，注重探究式学习、合作学习的有机协同。基于合作学习的混合式教学模式将传统面授教学与网络教学耦合，实现教学改革效果的优化。混合式教学强调自主学习、注重探究式学习、提倡合作学习，通过教学改革提升线上线下课堂教学效果。学是目的、教是手段；学是主体、教是主导；学是内因、教是外因；教学改革应实现从教师到学生、从传统的主体"教"到改革后的主体"学"的转变，教师主要的作用是指导学和监督学，让学生成为学习真正的主人。线下采用重点精讲、讨论、解疑、汇报、总结的方式层层递进式教学，注重过程评价。

（三）课后延伸

将作业和评定方式、课后答疑与教学反思相结合，将学习延展至课堂外和课下，不断深化和改进教学方式。打造高效课堂，教学方法应该合理化、有效化、科学化和具有前瞻性。以学生在知识的掌握、能力的提升、学习方法的运用、情感态度价值观的正确形成等多个方面，获得良好的发展为目的。

四、成绩考核评价及改革效果分析

（一）成绩考核评价

目前，学习评价基本沿用传统模式，在传统的考核过程当中，学生的课程成绩由18%的平时成绩、10%的实验成绩和72%的期末成绩构成。仅由教师来进行评价，虽易量化，但学生的主体地位不明显，成绩主要从考试结果体现，评价缺乏多元性。在新的教学模式下，更注重能力的培养和过程的考核。对学生每个环节、每个阶段的表现和掌握情况进行打分。成绩组成是：课前成绩占10%，包括线上测试作业、学习、讨论与交流；课中成绩占20%，包括汇报、研讨与交流；课后成绩占10%，包括巩固、拓展与反馈；线上仿真和线下实验操作与仿真成绩占20%；期末考试卷面成绩占40%。

（二）效果分析

电工电子技术课程在进行教学改革后，从学生的反馈和期末考试的成绩来看，效果非常显著。对线上主动学习与线下互动研讨的混合式教学模式采用学生问卷调查和分析，结果说明混合式教学学习有紧迫感、有方向、有目标、有成就感、效率高、有广度和深度。学习知识不局限于书本，学生知道为什么学、怎么学、学了有什么用，学会有效学习。

采用线上与线下结合的讨论案例式教学，将知识点以工程实践角度为落脚点，以问题驱动为载体，以多媒体和信息平台为手段，以互动交流、互动式课堂为过程，以线上＋线下混合教学模式为方法，以启发设计为课后延伸，对学生进行多维度的训练和培养。学生学习的有效性、探索精神以及合作意识被激发。学生通过分析问题参与教学，通过与老师和同学交流解决问题，将枯燥的理论知识运用于新问题，加深理解，深化认识。采用线上与线下混合教学模式加大了对学生自觉性的考验，学生由"被动的"学习者向"主动的"探索者转变，自觉学习意识大大加强。

五、教学成效及改革意义

线上与线下相结合的混合教学模式的主体是学生，学生的积极性和学习能力决定课堂的进度和效率，混合式教学课堂以学生发展为中心。学生学习过程中既有课程平台的监督，又有优秀课程资源的引导，学生积极性、主动性大大提高。改革后，学生的综合能力得到显著提升，近三年100多人获得学科竞赛奖励，学业成绩也明显提高；课程团队教师多次在教学比赛中获奖。教学过程中形成注重过程、多维能力考查的成绩评定机制。

线上线下教学融合强调学生发展、学习及学习效果的中心地位。提升了学生的学习能力，激发了学生探索和团结协作的精神，加强了学生分析和解决问题的能力，注重过程评价与考核。线上与线下相结合的混合教学模式成效显著，学生积极性高，满意度也大大提高。教学改革与实践激发了学生的学习兴趣，实现学生个性化、多元化培养，强化实践能力，提升人才培养质量。

第五节　以实践为导向的电工技术教学模式

一、以实践为导向的电工电子技术教学的必要性

以实践为导向的电工电子技术教学才是真正符合时代发展需求的教学模式，才是符合社会人才需求的教学模式。电工电子专业作为生活性和技术性很强的学科，和人们的生活息息相关，同时电工电子技术也是工科学生的必备技术和必备能力之一。因此，电工电子技术教学模式必须进行改革。

（一）能够加强学生对知识的理解，培养学生的创新精神和创造能力

电工电子技术教学应该以实践为导向，采取有效的措施加强学生的动手能力，因为电工电子技术和生活有着很大的关联，以实践为导向，能够激发学生的学习兴趣和学习积极性，也能引导学生增强动手实践能力，让学生在动手实践的过程中掌握知识、

理解知识。同时在实践教学过程中，教师也应该引导学生去发现问题和解决问题，在这个过程中，学生锻炼的不只是动手实践能力，还有逻辑思维能力。电工电子是一门实践性非常强的学科，所以在以实践为导向的过程中，学生不会感觉学习枯燥，知识乏味，而会被其丰富多彩的活动所吸引，激发无限热情。与此同时，教师也应该鼓励学生将所学到的知识运用到现实生活中。

（二）能够促进学生掌握基础技能，培养学生面向社会的独立工作能力

以实践为导向的电工电子教学要求教学以实践教育为主，也就是给予学生更多的实践机会，让学生能够在实践活动中锻炼自己的动手操作能力。同时学校也应该多组织与电工电子相关的社会实践活动和电工电子实训，让学生的实践能力能够得到切实的提高。电工电子技术是工科学生的必备技能之一，也是学生想要深入学习其他学科的重要基础，并且电工电子技术和生活也息息相关，实践教学能够帮助学生更加了解电工电子技术，掌握电工电子技术。学生的能力和学生的技术就是学生的竞争优势，为了未来的职业发展考虑，学生应该加强技术和能力方面的锻炼，学习成绩在能力和技术面前反而不是那么重要。因为学生的能力和技术也就代表了学生解决实际问题的能力，企业和社会都更加乐于招收能解决问题的学生，因为这样的学生才能真正成为对企业和社会有贡献的人才。有一部分学习成绩很好但能力平庸的学生，尽管理论知识扎实，但实践能力太弱，无法真正地为企业解决实际问题，对比之下，企业自然更愿意招收有能力的学生。

（三）帮助学生提高应变能力，培养学生勇于拼搏的精神

因为电工电子技术的教学模式要求以实践为导向，实际上也就是要求积极培养学生的动手操作能力，让学生能够积极地参与实践活动。在实践活动的过程中，既能提高学生的实践操作能力，也能增强学生发现问题和解决问题的能力。与此同时，在电工电子的实践过程中，一定会有需要协助的时候，那么学生在接受协助的时候就能明白互帮互助的意义，也培养了学生的团队协作能力。除此之外，学生在进行电工电子实践活动中，会出现很多问题难以解决，教师可以在学生出现这些问题时，对学生进行指导，但是不要直接告诉学生答案，而是让学生自己摸索，自己找到答案。学生在解决问题的过程中，不但能收获成就感，还能培养勇于拼搏的精神。当然，因为电工电子的实践教学过程中，每个学生的角色和任务都是不一样的，所以每个学生都必须针对不同的情况做出不同的解答，这样做不仅能够帮助学生提高解决问题的能力，也能让学生学会随机应变。总而言之，学生要走向社会，工作能力和团队协作精神都是非常重要的，在电工电子的实践过程中，学生的综合职业能力也得到了显著提高。

二、实现以实践为导向的电工电子教学

（一）建设电工电子技术实训基地，增强实践教学条件

以实践为导向的电工电子教学和实验教学不同，和模拟教学也不同，因为电工电子技术教学看中的是对学生实践能力的培养和锻炼。这里的实践能力是指解决现实问题的能力，所以学生应该去电工电子企业学习，在真实的环境中，学生才能学习到更多的知识，才能将更多知识牢牢掌握，才能具备解决现实问题的能力。因此，学校必须加强建设电工电子技术实训基地，让学生有更好的条件进行电工电子技术实践能力的锻炼，让学生能够更加了解电工电子技术。与此同时，资金充足的学校也应该建设校内实训基地，方便学生在校内进行实训，在学生锻炼实践能力的同时，实践教学其实也和生产经营活动联系起来了，也就显得这种教学更加真实，并且也为学校创造了一定的经济价值。学校还应该安排学生进行实习或者顶岗实习，让学生能够直接踏进社会感受电工电子技术的运用，让学生加快实践水平的提高，也让学生具备一定的工作能力。而资金不够充足的学校也可以建设校外实训基地，或是通过校企合作的方式推动学校和企业之间的发展，让学校和企业都能实现双赢。因为电工电子技术的教学需要用到更多昂贵的设备和更大的场地，所以学校应该为之配备更多的专业电工电子人才，对其进行组织和管理。但是对于学校而言，这种投资是一种负担，不论是设备还是专业人才的配备，对于学校而言都是一个不小的压力。

（二）建立健全的电工电子技术教学考核方式

在学校的教育改革中，考核模式是非常重要的，在很多实践教学中，考核模式都能够直接关系到实践教学，因为实践教学的成果会反映到考核模式中，培养学生的实践能力也要通过实践教学。因此，电工电子实践教学的考核方式非常重要，考核制度要以实践能力为核心，所以在考核电工电子专业时，应该将其划分为两个部分：实践能力和核心标准。除了考核学生的理论知识掌握情况，还要考核学生的实践能力。因为理论知识是实践的重要基础，学生必须具备一定的理论知识才能进行更好的实践，才能发现自己在实践中的问题。在电工电子的实践过程中，主要培养学生的实践能力，学生只有具备了一定的实践能力之后，才能将实践能力运用到工作中，所以电工电子教学考核以实践能力为中心是非常有必要的。应该促进学生的全面发展，培养学生的应变能力，同时还要提高学生的职业能力，提升学生的竞争优势，让学生在进入社会之后能站稳脚跟，快速适应工作岗位。

随着时代的发展和素质教育的推进，教育越来越注重学生的全面发展，学生的实践能力培养也受到了重视，特别是在电工电子技术教学中，因为电工电子技术本身就

是一门实践性非常强的学科，学生有必要具备一定的动手实践能力。而以实践为导向的电工电子技术教学模式就能对学生的动手实践能力起到很好的培养和锻炼作用，教师也应该不断更新自己的教学理念，提升自己的教学水平，为电工电子技术教学模式的改革做出一份贡献。

第六节　以电工技术教学为例，探讨"研中学"教学模式

传统的教学模式只注重知识的传授，而忽视对学生的创新意识和创造才能的培养。研究性学习的核心就是为每一个学生的发展，通过培养学生的自主学习的积极性，培养学生的探究意识、培养学生的动手操作能力等来挖掘学生的潜能，从而充分培养学生的创新意识和创造才能。

"研中学"广义的理解是指学生主动探究问题的学习。它具有开放性、探究性和实践性的特点，是师生共同探索新知的学习过程，是师生围绕着解决问题，共同完成研究内容的确定、方法的选择以及解决问题，相互合作和交流的过程。因此，它真正体现了新课程理念的核心，即一切为了每一个学生的发展。

"研中学"学习模式在于改变学生以单纯的接受教师传授知识为主的学习方式，为学生尽量构建开放的学习环境，提供多渠道获取知识，并将学到的知识综合应用于实践，培养学生的创新精神和实践能力，这能够满足企业对毕业学生正确使用和维护各种电气设备，并且具有一定的创新意识和分析解决问题的能力要求。

在目前的电工学教学实践中，学生在教师的指导下，以类似研究的方式去主动获取知识，启用电工学的知识去解决工作中遇到的问题。这种学习方式通常要围绕一个需要探究解决的特定问题展开，所以又称为"研中学"学习模式。

一、教学实施策略

通过课堂探究，实现学生的进步和发展。通过"研中学"教学模式，使学生发挥学习的主动性，自主探究，合作交流，实现将课堂还给学生，充分发挥学生学习的自主性。让学生成为学习的主人，让课堂成为学生成长的乐园，在"研中学"教学模式下，提高学生的观察能力、实践能力、搜集处理信息的能力、分析解决问题的能力、合作交流的能力、判断推理的能力。

通过课堂探究，实现教学效益的最大化。通过"研中学"打造高效课堂的教学模式，教师在教学时花最少的时间，教授最多的内容，使学生在较短时间内学到更多的知识。

通过课堂探究，实现课堂评价的可测性与量化。"研中学"尽量做到教学目标明确

与具体，以便于检测课堂教学效果，科学地对待定性与定量、过程与结果的结合，全面地反映学生的学习效果，促进学生的学业成长和发展。

二、教学方法

多渠道知识获取学习方式。改变学生单纯以接受教师课堂教学传授知识为主的学习方式，为学生构建开放的学习环境，提供多渠道获取知识途径，激发出学生的学习兴趣和热情，并将所学知识综合应用于实验教学环节，从而达到培养学生的创新精神和实践能力的目的。

基于问题的探究性学习。以"问题"为核心驱动学习，引导学生提出问题、分析问题、解决问题，培养学生的研究能力和创新能力。创设研究情境，激发学生主动探究、主动学习、主动构建知识，培养学生的拓展能力和学习能力，以自主研究、合作交流的"研中学"课堂教学模式，贯穿学习的全过程，培养学生的协作能力、交流能力和奉献精神。

开展信息化教学，利用"互联网＋"的线上和线下相融合的智慧课堂教学，构建学生学习中心、以培养学生实用性为核心，强调知识与能力的结合，开设"研中学"教学模式创新项目。

三、教学方法实施举例

多渠道知识获取学习方式举例。例如，在讲解低压电器知识时，引入"简易双电源控制电路"学习。首先，教师需把好课堂教学质量关，精心准备课堂的 PPT 等课件资料，使学生将课堂教学作为知识获取的主要方式。与此同时，精心编写课程讲义、开发网络课件，使学生能在课外自主学习，为学生多渠道获取知识创造条件。

基于问题的探究性学习。一些场所如果突然断电会影响电气设备的运行，如医院、机场、码头、消防等不允许停电的重要场所。需要提供双电源供电，例如，双电源转换供电通常用在哪些场合？双电源转换供电有哪些实现方法？可使用哪些电器实现供电操作规程？……引导学生以"探索研究"为主线创设研究情境，激发学生主动探究、主动学习、主动构建知识结构，培养学生的拓展能力和学习能力。

验证性、综合性、创新性系列实验。研究设计实验方案、规范和措施，指导学生动手完成实验操作和训练。从三个不同角度设计教学实验，一是由学生独立完成的，能培养学生动手能力的验证性实验；二是巩固阶段性知识学习的综合性实验；三是培养学生团队合作精神、解决复杂问题的创新性实验，即基于合作的创新性实验，需要 3—5 人为一个小组分工、分阶段合作完成，使学生在进行复杂实验的过程中，培养团队合作的精神和方法。验证性实验的目的是在已有的实验步骤设计框架上进行操作，学生实验的任务是严格按照设计步骤完成准确的操作要求，以求得预想中的实验结果。重新验证结果是否如原理所述，重在促使学生了解这个实验，达到熟悉原理的目的。

开展信息化教学模式改革，探索校企互动直播教学、基于"互联网＋"的线上和线下相融合的智慧课堂教学，构建学生学习中心、以培养学生实用性为核心，强调知识与能力的结合，开设"研中学"教学模式创新项目。

通过课前线上自学，大部分学生掌握了课程 70% 以上的知识点，起到引导学生完成课前预习的效果，为课程学习的完成打下了很好的课前基础。与此同时，教师还可以通过网上学生反馈的情况，及时掌握学生的学习进度和出现的问题。与此同时，还可以对后续的教学内容进行及时调整，以便更具有针对性地讲解教学内容，教学具有针对性和时效性。

线下上课之前对学生知识掌握程度会进行摸底小测验，通过对学生知识点掌握程度的分析，教师可以获得真实的学情。上课的时候，教师会对学生掌握不好的重点、难点进行着重讲解，学生也会针对自己的薄弱之处进行重点学习，这样对 45 分钟的课堂有限时间的利用效率会得到大幅提升。

电工学"研中学"学习模式的评价重在考查学生通过学习获得解决实际问题的能力，考查学生分析问题、思考问题的水平。所以成绩记录除设基本分外，对有创意的研究性学习结论或设计方案给予加分。等级可以分为优秀、良好、及格。在开展"研中学"学习时，注重在学习中激发学生的好奇心、求知欲，启发学生能够从多角度发现问题和提出问题，善于独立思考和钻研问题，鼓励学生创造性地解决问题。

电工技术的发展日新月异，新理论、新技术、新工艺不断涌现，所以单纯的以传授已有知识为主的填鸭式的教学模式已经不能满足培养综合型和创新型人才的需要。培养学生掌握新知识、新技术的能力，促使学生将这种能力运用于汽车产业新技术的应用当中，目前已经是企业和社会对高职院校教学改革提出的迫切要求。

第四章 电工技术教学发展

第一节 电工技术基础专业的教学

在实际的中职教学中，教育工作者较难做到让学生更好地将实践和理论结合起来。所以针对这一现实问题，要实现教育创新和改革，我们需要重视目前所面临的困难。电工教学是中职教学中的难点，因为电工教学需要大量的实际教学和实习时间，而我国目前的中职教学最缺的就是实习教学。因此，本节在大量研究中职教学情况的基础上，提出了一些中职电工技术专业的教学策略，希望为我国中职教学的进步做出贡献。

一、重视理论教学，打下坚实基础

中职教育体系需要大量的实践教学来支撑，但是实践也是建立在理论基础上的。所以想要实现良好的教学，理论教学必不可少，只有为学生打下坚实的理论基础，才能最终实现良好的教学。很多中职学生其实缺乏一些基础知识，他们的电工知识基础水平一般。因为一些中职学校的生源不足，所招收的学生基础较弱，因此老师一定要采取合理的措施，加强对学生的理论教学，这样才能为学生日后的发展奠定坚实的基础。在实际教学过程中要转变学生的学习态度，让学生具备理论知识和实践能力。老师要让学生懂得学以致用，让学生容易接受，可以自制教具配合电工章节知识，化抽象为形象，突破教学难点。

例如：电压表和电流表本身电阻而引起的分流、分压现象，在学习本课前学生是没有印象的，学生往往把它们看作理想电表，为了把这一现象形象化，教师可以采取用箭头分叉表示电流的分流，箭头的粗细表示电流的大小。在电压表的分压中，用箭头的长短表示电压的大小，同时箭头又设计成有伸缩性的，可形象地表示电流表内阻越小，分压就越小的现象，这一教具的使用，化抽象为形象，加深了学生的印象，突破了教学难点，提高了电工教学的效率。

二、重视实践教学，提升中职电工基础技术

（一）试行多学期、分段式的教学组织模式

中职电工的基础技术教学要求分成不同阶段和不同时期来进行，例如，通过任务驱动和项目导向教学模式就能够形成分段式的教学组织模式。下文就对多学期、分段式的教学组织模式做一个简单的规划和分析。第一学期，主要是给学生介绍一些基础的电工电子基础知识理论，然后让学生对基础的知识有一个简单的了解，同时在基础知识中渗透一些企业文化知识。第二学期让学生参与实训，将所学的理论知识尽可能应用在实践中，最大程度上提升学生的实践能力。第三学期让学生参与企业的实训，让学生切实掌握专业操作的技能。最后让学生直接进入企业岗位进行顶岗实习，在真实的工作环境中不断提升自己的应用能力，这样的规划对学生水平的提升和教学质量的提升有极大的帮助。

（二）建立学习方法指导，培养学生自学能力

在中职教学中，培养学生的自学能力是极为关键的部分，只有学生具有很强的自学能力，才能真正提升学生的学习效果。想要提升教学效果，就一定要提升学生的自主学习能力。经过长期的研究和论证发现，教师培养学生自主能力的具体方式为向学生传授一些学习方法，让学生明白如何找到问题，如何分析问题和解决问题，最后再通过整理和总结得出自己的理解和想法。学生要学会举一反三，只有知道如何自学，才能够让学生真正积极主动地去学习知识，才能最大程度上促进中职电工基础教育的发展，我们在实际的教学过程中也要对学生自学能力的培养有所重视。

用"串反并同法"判断电路动态变化简洁明快，应让学生重点练习。与此同时，也必须注意到这种方法有以下要求：①这种串、并联是不严密的，是与实际的串、并联有区别的。②当电源内阻忽略不计时，因为路端电压与电源电动势相等，看作不变的量。故此不能用"串反并同法"判定此时的路端电压。若不强调这两点，则对学生正确分析电路的串、并联关系和正确运用"串反并同法"造成负面影响。此法虽操作简单，但无助于学生对全电路欧姆定律的理解；无助于正确分析电路中各物理量间的依赖关系；无助于学生的逻辑推理能力的提高。而用分析法判定电路的动态变化恰好弥补了这些不足。

（三）开发满足企业要求的教材

中职学校在进行电工技术的教学时，主要问题就是很多中职院校使用的教材都是老旧的，已经不能满足时代的需要或者已经和目前的电工技术有所脱节，这样就会导致教学过程是无意义的，教学也就失去了应用价值。教材是教学过程中最为重要的基础工具，所以目前中职院校要开发一些满足企业现实要求的教材。首先，中职院校应

该有自己的教材研发和管理部门，安排一些人在工厂，让有经验的工人参与教材研发，让教材能够起到应有的作用。其次，教师在教材研发和课程的讲述中要时刻关注目前企业的技术水平，知道企业目前需要什么样的人才，对于企业的发展情况实时关注，这样才能培养出合格的人才。最后，要做到教材结合实际，只有这样才能够真正做到改善教材的实用性，满足电工教学需求。

（四）采用校企结合的教学方式

中职院校培养出的学生最终都是要进入企业的，我们目前已经发现的教学的一个重大问题就是学校和企业之间的脱节。所以现在应该尽快采用校企合作的教学方式进行教学，通过学校和企业的紧密合作，让更多的学生进入企业，拥有实际操作的机会，这样才是对教学模式的改善。中职院校是以为企业培养人才为基础的，企业应该帮助教学，同样教学也可以为企业提供更多的人才。企业最后通过面试和选拔得到想要的人才资源。这种模式下，学校和企业是互惠的，学生也能得到更多的学习机会，同时还能得到一线工人的科学指导，最终让学生能够提前熟悉工作，尽快适应工作节奏，对于以后学生的发展也有着极其重要的作用。

三、优化教学内容，强化电工电子技术课程教学的实用性

（一）开发课程教材

学习教材中出现的另一个问题就是教材往往不能更好地实现优化和开发，教材过于偏向理论或者在很大程度上过于倾向于实践。总之就是不能将理论和实践在教材中很好地结合起来。中职教育是以就业为主导的，所以理论和实践都是不可或缺的。同样教师也要立足于教材，再兼顾学生实际的教学情况，对教材的知识进行提炼，尽可能为学生提供合适的教材内容，这样才能培养出社会需要的人才。

（二）创新课程教学方法

教学方法是整个教学过程中极为关键的一部分，也是老师将知识尽可能传授给学生的一个重要途径。所以在实际的教学过程中要重视对教学方法的创新。现在多媒体技术已经大量使用在教学中，要利用多样化的教学手段，不断丰富教师的教学工具。尽最大可能让课堂教学更丰富，更加形象和具体，从而能够最大限度地激发学生的学习兴趣。还有一点就是老师要多引入一些教学案例，让学生通过具体的案例进行分析，然后引导学生运用专业知识和理论解决问题，达到教学的目的。比如"电路动态变化"中的分析法是指利用电路中总电阻随某一电阻增加而增加，减小而减小的规律，和电源的电动势及内电阻不变的特点，遵循从局部到全局，再到局部的顺序，依据所掌握的物理知识，可以分析电路的动态变化。

（三）整合课程内容，实行项目教学

目前出现的一种比较新的教学方式就是项目化教学。所谓的项目教学是指对学生所学的知识进行有效地整合和处理，这既是一种教学方法的尝试，也是推动教学内容、教学过程和教学管理全面进步的重要手段。只有实现教学的全面改革，才能够真正激发学生的学习兴趣，实现良好的教学效果。

（四）利用革新评价机制，充分调动学生学习的积极性

教学评价是教学中的最后一个环节，但这同样也是一个不能忽视的环节，其具有极为关键的作用。想要在现实中实现对电工电子技术课程的改革，就一定要重视教学评价的过程。但是就目前来说，我国的中职教学评价情况不容乐观，教学评价比较单一，往往都是以考试作为评价基础，所以具有一定的片面性。这个问题一定要得到解决，一定要尽可能改革评价机制，这样才能充分调动学生学习的积极性。

综上所述，实现中职电工技术的良好发展和进步，就一定要立足于现实需求和学校教学的时间情况。不断优化教学方式，提升教学效果，这样才能真正提升教学效果，适应未来的发展需求，这也是本节的目的所在。

第二节　高职电工技术课程教学

电工技术作为高职院校机电专业的基础课程之一，理论性和应用性都非常明显，通过学习，可以帮助学生巩固理论知识，掌握基本的操作技能，对日后走向工作岗位大有裨益。就当前相关社会企业而言，对该领域的高素质人才需求较大，同时要求也越来越严格。因此，高职院校必须考虑企业人才所需，以就业理念为导向，对过去教学中存在的弊端进行纠正和改革，以提升教学质量。

一、重整教学内容，打造特色教材

国内很多高职院校都开设有电工技术课程，但实际教学中，倾向于理论知识，实际操作方面有所忽视，理论和实践的结合做得不到位。以至于不少毕业生走出校园，很难满足企业的用人要求。因此要想提高教学水平，必须转变教学理念，重整教学内容，打造特色教材。

（一）教学内容的改革

我们知道，企业在招聘人才时，经常会要求应聘者持有电工上岗证，或者维修电工等级证，这说明企业对实践能力非常看重。而传统教育中"重理论、轻实践"的观念显

然不符合当前要求，再者就是，高职院校以培养实用型人才为主，教学过程中应当遵循"以就业为导向"的原则，根据就业趋势和用人单位要求调整教材内容。知识实用、够用即可，适当删减教材中的陈旧知识，以及实际中应用较少的部分，同时增加新内容，包括新的理念、新技术、新方法等，令学生跟紧时代潮流，了解电工行业现状以及未来走势。

为体现新环境下的教学特点，笔者建议课堂教学内容按照项目的形式开展，电工技术课程大致可分为如何正确使用电工仪表、日光灯的安装测试、配电板和室内电路板线路的安装，以及叠加定理的验证、基尔霍夫定律的验证等。这些项目都同时涉及理论和实践，而且内容较为全面，课堂上可将整个项目划分为若干小项目，逐个攻破。比如，正确使用电工仪表项目可细分为使用万用表测试电流、使用万用表测试电压、验证欧姆定律等；日光灯的安装测试项目包括电工工具使用方法、导线连接步骤、日光灯的安装测试。当然，有些课程内容较多，而时间十分有限，这就需要教师掌握精讲的技巧，将教授的内容尽量压缩，给学生留足实践训练的时间，做到教与学的容易，理论和实践的结合。

（二）教材的改革

教材是电工技术教学的直接工具，内容上正如前面所提，删陈增新。练习题应该具有启发性、开放性和讨论价值，能够锻炼学生从多个角度去思考问题的能力，培养学生的创新意识，改掉过去"只重数量、不重质量"的现象。理论性太强的内容要适当删减，点到为止。

编写教材时，同样也要考虑企业需求，根据行业现状加以分析，形式上尽量与教学内容相一致。比如，现在很多高职院校都特别重视的"任务驱动法""项目法"等，改变传统的先介绍理论再开展实验的套路，而是通过设计任务的方式去编写，使得书本和现实能够更好地进行衔接。

二、重视实践课程，创新教学方法

（一）突出实践

对于电工技术类的理工专业，应用性尤为明显，除了教学内容增加实践课程比重，还要创造各种实践机会，确保每个学生都能够参与到实践活动中。校企联合模式被很多高职院校所接受，两者可以实现优势互补，达成双赢，学校负责理论知识传授和人才输出，企业负责实训基地的提供建设。

比如，学校与企业联合投资，在校园建设实验室、教研所等机构，在给学生提供实际操作机会的同时，还能开展项目研发和学术研究。部分高职院校经济实力较弱，不可能保证实验课堂上，每个学生都能接触到实体设备，若分组进行实验教学，需要花费更多的时间和精力。所以在这种情况下，若能建设虚拟实践场所，便能很好地解决这一问题，充分利用计算机、仿真技术和人工智能技术，打破了地域空间和实体物的限制。常用的软件有 Proteus（仿真软件）、Multisim 等，操作简单方便，学生可以很容易上手，模拟现实操作，在巩固理论的同时，实践能力也得到锻炼。

采用项目教学法或者案例教学法时，所举案例尽量是企业的真实项目，可以聘请企业优秀的工作人员进行分析讲解，或者指导学生如何形成自己的思路，并逐步掌握解决方法。校园多开展与电工技术有关的比赛和活动，鼓励学生积极参加，积累实践经验。寒暑假期间，组织学生到企业参观，熟悉工作环境，了解工作流程，让学生与社会岗位零距离接触。

（二）方法创新

教学方法与教学效果之间有着紧密联系，随着教育改革的深入，许多新方法相继涌现，对提高课堂质量有着极大的促进意义。基于就业导向理念，综合电工技术课程特点考虑，适宜采用项目教学法，因此在此主要对项目法的实施加以分析。

首先是项目选择，确保项目和生活相关，在学生学习能力范围之内，富有趣味性，可以吸引学生兴趣，激发起好奇心。而且，项目应该是一个完整的工作过程，包括了理论实践的融合，标准也应采用实际岗位标准和流程。项目开展过程中，不仅仅考验学生的实际操作技能，还要考核其创新意识、团队合作精神、职业道德素养等。一般情况下，项目可以适当增加难度，激发学生的探究兴趣，鼓励他们能够主动探索。另外，项目导入也非常重要，通常会设置相应的情境，使学生尽快适应。比如，室内电气线路的安装项目，便可以以现代商业住宅为例，将项目导入。

其次，实施过程中注意以下三点：①教师示范。比如，使用万用表测试电流，教师可选择 0.5 mA 电流的测试加以示范，接下来将电流换为 5 mA、50 mA，由学生独立去完成。电压、电阻的测试同样如此，教师示范主要起引导作用，重点在于培养学生举一反三的能力，掌握学习方法。②独立思考。在电工技术教学中，自主学习和独立思考非常重要，当前素质教育也提倡体现学生在课堂上的主体地位，所以应调动学生的主动性，养成独立思考和自主学习的良好习惯，同时培养学生的探究意识。比如，在彩灯电路的设计和测量项目中，只有深入探究，才能够真正掌握基尔霍夫电压定律、叠加定理等科学定律。③小组合作。项目法通常与小组合作法共同应用，面对难度较大的项目，可安排学生分组讨论，明确自身职责，加强内部合作。

最后，项目完成后，由小组发言人进行陈述总结，与其他小组交流，分享心得。教师根据各组的表现进行打分，并接受学生的反馈意见。

三、完善考评机制，建设师资队伍

（一）实现考核评价多元化

首先是考评内容。在实际工作中，专业技能固然重要，但对于企业管理人员而言，责任心、工作态度、职业素养、发展潜力等也非常关键，甚至部分企业对于职业道德和责任心的要求要重于专业技能。因此，在考评中，理论知识和实验实训作为专业技能模块，另外还要包括职业道德素养、心理素质、情感态度等因素，对学生做出一个客观完整的评价，使其综合能力有所提升。

其次是考评方式。教师的评价方式存在着某些缺陷，如评价容易主观化、工作量太大。所以评价主体和评价方式也应多元化，引进学生互评、师生互评、学生自评、社会评价等评价方式，鼓励学生、教师、学校、企业共同加入到考评中，逐步建立起较为系统的考评体系。比如师生互评，教师既能够了解学生所需，也能认识到自身不足，然后才能调整策略。

（二）双师型教师队伍建设

教师是整个教学过程的指导者，也是教学的先行者，在转变教学理念和教学方式的同时，自身的知识也得提高，俗话说"打铁还需自身硬"。作为为行业培养实用型人才的工作者，教师有责任了解这个行业，从最基础的接线方法，到前沿的自动控制等，教师都要做到了解甚至掌握，这样才能培养出社会和企业需要的实用型、应用型高级技术人才。

时代在进步，知识在更新，为了进一步提高教师的自身素质和优化教师的知识结构。可以选派没实践经验的教师到企业挂职锻炼，还可以选拔优秀教师深入用人单位调研，了解、学习学科前沿动态，加强师资建设，不断壮大双师型教师队伍。

当前高职院校电工技术教学存在缺陷，直接影响到教育水平和毕业生就业。陈旧的观念、方法、教学内容在新教育环境中已不适应，需要及时改革更新。通过内容调整、方法创新等措施，激发出学生的自主性和独立性，培养其创新意识，增强其实践能力，同时加强双师型队伍建设，以提高教学质量，向社会输出应用型人才。

第三节　电工技术课程教学

所谓大数据，即是指所涉及的数据资料量规模巨大，无法通过人脑甚至主流软件在合理时间内达到管理、处理要求。电工技术课程教学关涉诸多知识内容，且相对模糊、系统，对学生学习而言，是一种莫大的挑战。而大数据时代的处理特性，使电工技术课程教学更加简便、灵活，其课程教学改革，有利于深化学生对知识概念的理解，并培养和锻炼他们的各方面能力素质，有关方面的研究备受学术界的广泛关注。

一、电工技术课程教学现状

大数据环境下，电工技术课程教学得益于先进的思想理念指导，加之丰富的实践经验共享，实现了较好的发展，在培育学生能力素质方面发挥了重要作用。但是从客观维度上讲，受多重因素影响，电工技术课程教学中亦存在不少问题，具体表现为教学内容编排不合理、教学方法单一落后、实践教学环境缺失等。这严重限制了学生某些能力的发展，一定程度上增加了学生就业竞争的压力。部分教师受传统应试教育模式影响，思想固执保守，行为缺乏创新，对大数据下课程教学的特点把握不足，难以有效支撑电工技术课程教学改革。

二、大数据下电工技术课程教学改革策略

（一）提升师资素养

科技的发展、时代的进步对电工技术课程教学提出了更多的要求，改革势不可挡。素质教育背景下，教师作为主导，是电工技术课程教学的组织者、实施者，其综合素质水平直接影响了此项工程的效果。因此，大数据下电工技术课程教学改革的关键在于教师。新时期，高等院校应重视和加强专业化师资队伍建设，提高其战略地位，明确大数据下电工技术课程教学改革要求，量化教师考核标准，并根据反馈信息，组织多样化的培训教研活动，可邀请学术大家、业务能手广泛参与，及时传播先进的思想理念，丰富他们的学识涵养，培育其信息素养及能力，分享经典案例，使其积累丰富经验、夯实业务功底，更好地服务于电工技术课程教学改革，最终促进学生身心全面、健康发展。

（二）创新方式方法

电工技术是一门实践性很强的课程，其在大数据下的改革，应着重强调、突出学生的主体地位，锻炼他们各方面的能力素质。随着科技的创新发展，电工技术课程所关涉的内容日渐繁多，其学习中充满了挑战。尤其对刚接触不久的学生而言，普遍表示电工技术难学。对此，教师应以职业技能为导向，结合电工技术课程教学规划及要求，合理删减内容，优化知识结构，并通过有效的现代化教学工具组织学习，激发学生的动力和兴趣。在具体的践行过程中，教师可基于多媒体技术设备的应用，通过影像、视频、图片等方式，直观、形象地展示电工技术的知识及原理，增强学生的切身体悟，并由此提出探究性课题，引导学生合作讨论，活跃课堂气氛之余，培养他们的各方面能力。

（三）引导实践训练

实践是学生有效掌握并灵活运用电工技术知识的核心，为其创新提供了良好的平台。丰富多样的实践训练活动，还有利于培养学生的思维能力、创造能力、动手能力，面对复杂的市场竞争环境，更加契合社会发展的要求及标准。例如，在单相、三相异步电机教学中，教师可以组织学生观看小视频，并要求其借助互联网络搜集相关资料，引导他们自主探究学习。另外，院校还需要加强与企业间的互动合作，共享优质资源，联合打造实训基地，有机地将理论教学与实践教学结合起来，并掌握市场经济发展动态，及时调整电工技术课程设置，保证学生发展的持续性、先进性。基于大数据时代，教师还需加强与学生之间的线上沟通，了解他们在电工技术自主学习中遇到的问题，给予针对性的引导，并借此优化课程教学设计。

第四节　电工技术"课程思政"的教学

电工技术课程存在没有全面从学情出发组织教学，融入课程的思想政治元素，纯理论教学导致育人的效果不明显，课程的实践教学内容不能引起学生的兴趣以及学生对知识与技能的应用不够等问题。为进一步从学情出发加强对学生实践能力的培养，强化学生技术技能的应用，提出基于实践能力培养的电工技术"课程思政"教学改革，充分发挥出专业课程立德与树人、育人与育才功能，充实和完善电工技术课程实验实训项目，打造应用性和目的性更强的项目，增强学生学习的兴趣和信心。课程各实验实训项目与思想政治元素相融合，在实验实训开展过程中育人，育训一体，实现立德树人。通过基于实践能力培养的电工技术"课程思政"教学改革，在提高学生技术技能的同时，更好地将立德树人的根本任务落到实处，发挥好专业课程育人的作用，为实现中华民族伟大复兴的中国梦培养技术技能型高素质可靠人才。

一、电工技术课程教学的主要问题

电工技术课程在高职教学的 6 个学期中的第 1 个学期开设，是机电一体化技术专业的操作性与应用性较强的专业基础课。为显著提高学生的学习效果，教师不断进行提高课程教学质量的改革，在现在"大思政"背景下，将课程的教学内容与思想政治元素相融，取得了较好的成效。但也存在一些问题，主要体现在：

没有全面从学生来源、学生学习能力、高职特点等学情出发组织教学，导致学生学习成效并不明显；

融入课程的思想政治元素主要通过理论教学实现，育人的效果不明显；

课程实践的教学内容不能引起学生的兴趣，学生对知识与技能的应用不够。针对以上问题，本节讲述基于实践能力培养的电工技术"课程思政"教学改革，将实践教学与思想政治元素相融，在强化学生实践能力培养的同时，实现立德树人。

二、电工技术课程实验实训项目的设计

高职学生生源主要为两部分，分别是高中升高职的学生和中专升高职的学生，这部分学生的共同点是学习能力和学习主动性较差、考试能力也不足，对理论知识的理解较弱。对于高中升高职的这部分学生，走的是从学校到学校的路线，接触社会、企业少，对企业以及专业职业岗位了解得很少。对于中专升高职的这部分学生，有些学生到企业实习过，一定程度上接触了社会，对企业有一些了解，具有一定的专业知识和技能，但理论水平相对较低。针对这些情况，在第一个学期开设的专业基础课要能吸引学生，让学生体会到学有所用，增强学生学习的成就感和自信心。电工技术课程在工作生活中应用广泛，应用性、实用性强，在课程教学中要让学生多实践，提高动手操作能力，在做中教、做中学，要精心设计和完善课程实验实训项目。在教研组的精密组织下，经过电工技术课程组讨论，结合工作生活需要，拟定以下实验实训项目。项目1：使用万用表测试常用电气元件；项目2：仿真验证基尔霍夫定律、戴维南定理和叠加原理；项目3：电工工具的使用和导线的连接；项目4：白炽灯和日光灯电路的安装与维护；项目5：电度表的安装使用、小型配电箱的安装与调试；项目6：电风扇电路的安装与维护；项目7：使用兆欧表测量绝缘电阻；项目8：学校水电维修实践、家用电器的维护；项目9：实训室管理维护实践；项目10：学生安全检查实践。

三、基于实践能力培养的电工技术"课程思政"实践教学内容设计

项目1：使用万用表测试常用电气元件。该项目主要让学生掌握电工三表中最重要的万用表的使用，懂得常用电气元件如何通过万用表测试。该项目与测量的科学严谨、仔细认真、遵守职业道德相融，让学生在测量过程中懂得这些思想政治元素的重要性。

项目2：仿真验证基尔霍夫定律、戴维南定理及叠加原理。该项目主要采用仿真手段进行实验，再通过连接实物进行验证，并用万用表来测量相关的电压、电位，进一步强化万用表的使用。在实训过程中介绍基尔霍夫的事迹，帮助学生树立崇高理想，弘扬伟大的奋斗精神，从而更加刻苦努力的学习。

项目3：电工工具的使用和导线的连接。通过使用电工工具，让学生明白工具使用得越多，手越灵活，要掌握较强的电工技术，工具要使用熟练。通过多次连接导线，让

学生在更短的时间内达到更好的工艺要求的目标,精益求精。学生做得越多,效果越好,增强学生学习的自信心和成就感。该项目与工匠精神、奋斗精神相融合。

项目4:白炽灯和日光灯电路的安装与维护。通过实训让学生明白照明灯的发展过程,从以前的白炽灯和日光灯到现在的节能灯和LED灯,这些成绩的取得,离不开科学技术的进步,是通过创新取得的,将该项目与创新精神和创新意识相融合,激发学生在今后的技术工作中不断创新、锐意进取。与此同时,该项目也对学生今后的生活有巨大的帮助,如家庭的照明灯的维护、选取等。

项目5:电度表的安装使用、小型配电箱的安装与调试。在电度表的安装使用中,让学生查找电度表发展的历史,现在的最新技术,同时懂得电能的计算方法。在小型配电箱的安装与调试中,让学生充分认识漏电断路器的作用及接线方法,明白漏电断路器和空气开关的使用场合和区别。该项目与创新精神、勤俭节约、安全意识、科学规范紧密融合。

项目6:电风扇电路的安装与维护。该项目主要要求掌握电风扇电路的安装、故障排除。该项目主要跟创新精神和创新意识、质量意识、品牌意识相融合。从以前的机械风扇到现在具有电脑控制等功能的风扇,科技有了明显的飞跃,新技术将在未来有更广泛的应用。对此,要学生增强创新意识,为科技进步做出贡献。在实训中,让学生明白,不同品牌的电风扇的质量是不同的,有些电风扇的电机所使用的铜线质量不佳,导致风扇的整体功能欠佳。而有些电风扇质量一流,外加较强的功能,深得消费者的信赖,形成品牌。通过对比,让学生对质量意识、品牌意识有更深刻、更直观的认识。

项目7:使用兆欧表测量绝缘电阻。以电动机绝缘电阻测量为例,兆欧表使用步骤主要为:第一步要对兆欧表进行短路实验和开路实验,短路实验时指针指在"0"刻度和开路试验时指针指在"∞"刻度的兆欧表才能准确测量设备的绝缘电阻;第二步是拆除电动机绕组端子的连接片;第三步是分别测量电动机的相间绝缘电阻、相对地的绝缘电阻。在操作兆欧表时,要水平放置,在摇动手柄的情况下读取绝缘电阻的数值。最后要懂得根据结果判别该设备的绝缘电子是否合格。操作该项目的过程中,很多学生觉得第一步是多余的,有些学生摇的速度不一致,在此要求学生按设备的操作规程来进行操作,不能偷工减料,须保证测量结果的准确。该项目主要跟质量意识相融,要学生保证测量的准确,需要将过程保质保量地完成。学生会做实验后,跟学生强调使用的注意事项,如测量大功率的电气设备后,应将设备放电,防止残余的电压使人触电。因为兆欧表在测量过程中产生高电压,为防止设备绝缘损坏从而造成触电事故,在测量前,人应离开被测量的设备,这些注意事项与安全意识教育相融合。实验后还要将掌握的技术应用到具体的场所进行应用,如将兆欧表用来测量实验室的插座是否漏电、线路绝缘是否良好、设备使用的电机是否绝缘良好,提高学生应用技术的能力。

项目8：学校水电维修实践、家用电器的维护。这是新增加的实践项目，需要在校课余时间实践，通过有计划，有组织的方式进行。学校水电维修实践项目主要对教室、宿舍、办公室、实训室的电器与电路进行维护，也包括了对学校的水路进行维护，这些项目也是之后的工作生活要碰到的，实用性大，主要由任课教师、总务水电工、实训基地管理人员实施。家用电器的维护主要要求能对电风扇、电磁炉、冰箱等电器进行安全使用和维护。由于学生没有低压电工作业证，不允许进行电工方面的作业，所以要在相关有资格的人员的带领下开展实践，学生主要起协助作用。学校水电维修实践、家用电器的维护项目主要跟奉献精神、吃苦耐劳精神、安全意识、依法治国等思想政治元素相融。学生参与这些项目实训，没有报酬、时间较长、比较辛苦，所以需要培养学生的奉献精神、吃苦耐劳的精神。对低压电器进行操作，需要有低压电工作业证，需要遵守《安全生产法》，遵守安全操作规程。这些与安全意识、依法治国结合起来，通过实践来强化。

项目9：实训室管理维护实践。该项目内容主要是对实训室的设备、卫生进行维护，由任课教师、实训基地管理人员来实施。该项目主要融入工匠精神、奉献精神、团队精神等。这个项目由学生团队来负责，不同的学生负责不同的区域和设备，一段时间之后再交换，通过多次对实训室的设备进行维护维修，让学生掌握各种设备的维护技能，同时多次维护设备，逐步培养学生的工匠精神和团队精神。该项目也主要用课余时间进行，让学生在实践中奉献，由于该项目跟专业密切结合，所以能够增强学生学习的兴趣与爱好，这些对以后的工作生活有巨大的帮助，学生更乐意学与做。

项目10：学生安全检查实践。这个项目主要对教室、宿舍、实训室等场所进行安全检查，如：检查灭火器、消防栓、电路、电器等设备，发现隐患及时排除，主要由任课教师、保卫处人员、实训中心管理人员、学生处人员共同组织开展，让学生参与到安全检查中，提高发现安全隐患、排除安全隐患的能力，让安全意识深入学生心中。

四、基于实践能力培养的电工技术"课程思政"实践途径

（一）构建课程育才与育人共同体

由教研组、课程组、总务处人员、保卫处人员、实训中心管理人员、学生处人员、思想政治部教师等组成课程育才与育人共同体，共同设计、完善实验实训项目，挖掘思想政治元素、设计教学实验实训项目、准备好实验实训所需条件、组织实验实训项目有序开展，形成多级与多方联动，显性与隐形教育相结合，为育人与育才提供保障。

（二）提高专业课程教师的实践能力、"课程思政"的意识与能力

因为新增加了一些实验实训项目，课程教师只有不断学习，勤于实践，提高技术

技能，才能更好地保障实践教学质量。专业课程教师在之前的教学中较注重实践教学，对思想政治元素的融入较欠缺，首先要对专业课程教师进行思想政治意识的培训，与思想政治课教师共同讨论融入哪些思想政治元素，通过怎样的形式来实施，不断进行沟通交流，与实验实训项目相融合的过程中，逐步提高"课程思政"能力，并在实施过程中不断完善。

（三）完善课程评价体系

课程评价体系可以起到导向性、调控与反馈的作用，是教学活动的重要组成环节。课程教学内容改了，相应的课程评价体系也要进行改革完善。改革重点为：

在原来的课程培养目标基础上增加"课程思政"的目标，将知识、能力、素质、思想政治目标融在一起，让专业课程育人的功能充分体现。

增加实践考核的比例，突出实践能力培养。更加注重各实验实训项目的过程性考核，以考核促进学生努力提高技术技能。

（四）充分发挥第二课堂的育才与育人功能

由于实验实训项目较多，要想掌握并强化这些技术技能，只是依靠课堂的时间是不够的，所以要充分发挥第二课堂的育才与育人功能，充分发挥学生在第二课堂的组织管理作用。例如，学校水电维修实践、家用电器的维护、实训室管理维护实践、学生安全检查实践主要通过第二课堂来实施。

第五节　高职电工技术课堂教学

随着社会的进步，人们迎来了信息时代。近些年，各个行业都开始广泛应用信息技术，不仅促进了科学技术的发展，也大大加快了各个行业的运行效率，使各大企业获得了更多的经济效益。对于教育行业来说，信息技术也可以得到广泛应用。信息技术在教学模式创新过程中能够发挥诸多作用，还可以充分调动学生的学习积极性，提高课堂效率。尤其是将高职电工电子技术和信息技术进行整合后，推动了我国互联网教学的发展。对于高职电工电子技术课程来说，许多内容属于理论知识，只是采用"灌输式"或者"填鸭式"的教学，无法使学生完全理解电工电子技术的内容，还可能引起学生的逆反心理。信息技术的使用能够拓宽高职电工电子技术课程的路径，充分发挥多媒体教学的作用，使学生能够主动参与学习，提高高职教学课堂质量和效率。

一、信息技术与高职电工电子技术课程教学整合的重要价值

在目前的教育形势下，对高职电工电子技术课程要求越来越严格。教师们不仅需要提升学生的理论素养，还需要加强学生的实践能力，使他们在高职电工电子技术课程中得到全面发展。这毫无疑问对高职教学提出了挑战。高职院校需要创新教学模式来吸引学生的注意力，提高学生的学习主动性。为此，需要将信息技术融入教学模式的创新过程，将信息技术与高职电工电子技术课程整合，提高高职课堂的效率和质量。

信息技术与高职电工电子技术课堂整合的价值体现在以下两个方面。第一，信息技术能够帮助电工电子技术课程进行深入整合，不断创新教学模式，推动高职院校教学模式的发展。获得这种效果的最主要的原因是高职院校中的电工电子技术课程具有突出的技术性，考验学生的理解能力。但是，对于大多数高职学生来说，他们的理解能力和专业素质水平参差不齐。在学习电工电子技术课程时，如果采用传统的教学方式，许多学生将无法理解教师所讲的内容，而信息技术正好能够解决这一问题，能够让学生更加直观地了解电工电子技术的内容，并且将重要知识点通过多媒体呈现出来，增加学生的记忆点。信息技术还可以突破传统的教学模式，开展互动教学，在相互交流的过程中加深对知识的理解，也让学生有更多的激情主动加入学习过程，调动他们的学习积极性。第二，对于高职电工电子技术来说，信息技术的应用能够让高职电工电子技术专业的学生有一个良好的就业前景。信息技术中含有许多先进技术，高职学生在学习过程中可以学习到许多前沿技术，尤其是越来越多的学校开始采用了网络教学方法，开辟出了一个新的教学渠道，学生可以从网络上学习到更多有关电工电子技术的知识，使他们的基础更加深厚。

二、信息技术与高职电工电子技术课程教学的整合策略

随着我国科学技术的发展，越来越多的课程开始应用信息技术，特别是对于高职电工电子技术课程来说，必须选择效率更高的方法将信息技术与高职电工电子技术课程结合起来，尽可能提高高职教学效率和提升课堂质量。因此，需要从以下二个方面实施信息技术和课堂教学的整合。

（一）创新信息技术与课程教育的整合理念

需要在高职电工电子课程教学过程中尽可能地应用"互联网＋教学"的课堂模式，将信息技术有效整合在电工电子技术教学课堂上，创新信息技术和课程教育的整合理念。这样的方法能够在很大程度上帮助高职教师提升自己的专业素质和业务能力，拓宽教师的教学思路。尤其是将信息技术和课堂教育整合后，可以大幅度提升学生在课

堂上的学习积极性。更加深入地了解电工电子技术，有助于有效改善学生的综合素质。新理念下，高职教师一定会创造出更多高效率的教学模式。需要格外注意的是，教学过程中，教师一定要秉承"以人为本"的原则，尽可能站在学生的角度，将学生的需求和未来的就业前景作为基础来调整和改善教学模式。

（二）合理设置教学课程

社会调查结果显示，高职学生的学习能力弱，没有学习兴趣。要想提高高职电工电子技术的课堂效率，需要将信息技术和高职电工电子技术课程教学进行有效整合，尽可能达到高职院校的教学目标。因此，最重要的是合理设置教学课程，加强课程间的相关性，使学生更容易理解相关的专业知识。不仅如此，还需要学生亲自动手实践，将理论课程和实践课程合理融合，提高综合实力。

（三）优化信息技术与高职电工电子技术课程教学的整合

为了提升高职电工电子技术课程的质量，需要将信息技术有效融合于教学过程，创造出新的教学模式。比如，可以灵活运用多媒体技术、云课堂技术、微课等手段，将电工电子技术中枯燥的理论知识用视频、图像等形式呈现出来，呈现出视觉上的冲击，给学生留下深刻的印象。这种整合方法在很大程度上提高了学生的学习兴趣，培养出了他们的自主探究意识。为了让学生更快地接受信息技术在电工电子技术课程中的应用，还可以让学生自己动手制作多媒体课件，使他们能够在制作课件的过程中提前了解电工电子技术，进而提高学习效率。

在信息时代背景下，需要尽可能地将信息技术和教学内容结合起来。信息技术在高职教育中具有重要的辅助教学功能，能够在教学过程中充分激发学生的学习兴趣、调动学生的学习主动性、提高课堂效率和质量。因此，需要在教学模式创新过程中尽可能应用信息技术，尤其是对于电工电子技术课程来说，需要借助信息技术的作用，将电工电子技术的内容与多媒体技术相结合，创造出新的教学理念，提高教学资源的使用效率，科学安排高职电工电子技术课程，优化教学系统，利用信息技术突破多方面的束缚，提升高职院校的教学质量。

第五章 基于新课改的电工电子教学理论研究

第一节 电工电子教学现状

电工电子教学要以培养动手实践能力强的技术型人才为主要目标，本节主要从对电工电子教学现状的分析出发，对出现的问题进行解析与探讨，查找问题出现的原因，不断提高教学质量，充分激发学生的个性、潜力、创新精神，最终实现培养目标和社会对人才的需求。

电工电子并不是简单的机械操作，它其中包含了多种学科的知识，在实际教学过程中，如果老师只是给学生讲解理论知识，恐怕很难让学生真正理解这门复杂技术系统的精髓。如何有效地将理论知识与实践操作结合起来，让学生接受知识的过程更有趣，让课堂变得更加有吸引力，是值得每一位老师深思熟虑的问题。

一、电工电子教学的现状

现阶段，大部分学校的教学模式依然很传统，老师在讲台上讲着，而学生仅仅是机械地记着。没有主动去探索学习的想法，课外就更难积极主动地复习上课所学内容，再加上教学资源紧张，教学内容不能以职业需要为根本，这就使得教学质量很难提升，学生的实践能力也不能得到锻炼。

二、电工电子教学的问题探析

（一）学生学习的积极性普遍不高

电工电子作为一门涉及多种学科的复杂技术系统，内容较为繁杂，许多知识点较为抽象，学生理解起来比较困难。且目前的教材较为深奥枯燥，与社会实际需要严重脱节，有些学生的理论知识掌握得非常好，但是真正实际操作时一无所知，这就严重打击了学生学习的积极性，让学生感到所学无用。

（二）教学方式比较单一

现阶段，教学方式较为单一，绝大多数依旧是以课程板书的方式进行，即是老师讲，学生记，然后下课做习题进行巩固，这种教学方式较古板，教学面比较狭窄，很容易使学生的兴趣下降，对很多实验应付了事，老师们也没有主动去摸索比较新颖的、更为灵活的教学方式来教学，这就势必会造成教与学的效果下降，学生理论知识的掌握不牢固，实践动手能力较为差劲。

（三）实践教程所占比重较少

电工电子作为一门专业性较强的课程，主要目的是培养出适应时代的，适应岗位的，实践操作能力比较强的综合性人才，但是许多院校由于经费投入的原因，不能提供完善的实验实习场所和设备，并且实验课程安排较少，实验设备不能及时到位，针对性训练不强，远远满足不了学生对实验课程的巨大需求。

三、应对措施分析

（一）努力提高学生学习的积极性

老师在准备课堂教学内容与目标时，尽量以极富创意性的方法导入课程，或者以有趣的实验为开篇，吸引学生的注意力，以便进行后续课程的推进，最大程度地调动学生的积极性，引导学生积极思考。电工电子作为一门以实验为基础的学科体系，老师在讲授过程中，可以多采用实物、模型等教学用具，将学生的视觉、听觉和触觉充分调动起来，激发出学生的好奇心与兴趣，对于一些枯燥的知识更乐于接受。另外，老师可以组织学生开展小组活动，学生可以根据自己的兴趣选择相关的选题，在这一过程中，学生能发现问题并主动去寻找问题的答案，养成积极解决问题的习惯和团队合作精神。

（二）掌握课堂教学规律，使教学方式多样化

教师在教学过程中，要对自己要讲授的内容有所规划，做到清晰明快，把握好课堂教学的整体节奏，对于一些重点内容要详尽部署，重点突出，循序渐进地表达，并要根据学生的实际掌握情况及时调整，保证学生对知识的消化吸收。传统的教学模式没有注重老师与学生之间的互动性和学生主动探索知识的能力，现今随着社会的不断发展，信息技术时代的来临为教育提供了更大的便利。老师可以多运用多媒体手段，用虚拟的图形、图像和三维动画等多种高科技表现手段，让教学内容变得更加丰富多彩，生动形象。让学生能主动去探索学习的乐趣。因此，只有不断创新，促进信息技术与学科教育相结合，取长补短，才能真正提高整体教学质量。

（三）加强实训教学体验

随着电子技术的不断发展，对电工电子人才的要求也在不断地提高，实训教学作

为提高学生实践操作能力的主要途径，对学生专业技能的提升起着关键性的作用。学生通过动手制作或者完成对某些电子设备的维修等，在整个过程中，可以锻炼学生的独立思考能力，同时让学生善于发现更多的问题并主动寻求解决的办法，这样在实际工作中也会更快地进入角色。学校可以以实验室为依托，开展一些课外兴趣小组，组织一些学生比较感兴趣的实验，这样让动手能力强的学生有一个展示自己的机会，同时带动其他学生的积极性和参与性。再者就是，学校可以采用开放式实验教学模式，让学生对自己的学习方向有所选择和侧重，充分调动学生的主观能动性，启发他们的思维，让他们的视野变得更加开阔，同时提高了实验室的设备使用率。老师还要不断优化电工电子的实验教学设计，将技术性和技能性有机地结合，帮助学生熟练地掌握教学知识的内容，让学生通过实验教学，将所学理论知识有效地运用到实际操作和具体实践当中。

社会不断进步，科技不断发展，电工电子技术的发展更是日新月异，不断地出现新知识、新技术，我们对电工电子课程的教学改革也是永无止境的，只有顺应时代发展的潮流，跟上时代发展的步伐，不断认真地研究与探讨，总结前人的宝贵经验，勇于踏出自己创新的第一步，不断提高教学质量，才能使学生的个性、潜力、创新精神得到充分激发，最终实现培养目标与社会对人才需求的无缝结合。

第二节 电工电子教学策略

电工电子技术作为士官院校教学过程中的一门重要的基础性学科，除了相关知识的掌握外，还注重培养学员的动手能力和创新能力。然而，在教育现状下，教学效果不容乐观，学员学习的积极性较低，知识掌握不够全面，教师的教学方法过于传统枯燥等都是目前存在的比较明显的问题。

电工电子技术是电类各专业学员的基础课程，其相关实验的教学对于培养学生的动手能力和创新能力都起着重要作用。传统的实验教学有点像走马灯，走个过场，让学员知道有这个实验而已，这样根本达不到教学要求。兴趣是学生最好的老师，连实验都是这么枯燥乏味，更不用说课堂教学效果了。

一、电工电子教学存在的问题

（一）专业教材和教学内容陈旧

士官院校学员的文化基础和自学能力都相对较弱，教材中的许多知识，学员不能很好地掌握。由此可见目前教材的内容与学员本身的认知能力不能很好地相容。章节开头没有很好地导入，末尾缺乏总结。目前，部分士官院校的教材缺乏现场实习方面的教学内容，不能做到知识与实际运用的结合，内容枯燥乏味，难以调动学员的积极性，最终造成了明明是门实践性很强的学科，却不能够引起学员的兴趣这一尴尬的结果。

（二）实验教学的滞后

实验教学在士官院校处于一个十分尴尬的地位，一方面实验课时少，所占考核比重轻；另一方面，实验教学在于培养学员的动手能力和创新能力。而目前大多数士官院校的实验课程基本就是走个过场，学校和教师都不够充分重视，个别院校甚至没有开设实验课。那些开设的、教师也比较重视实验课的院校，因为实验设备的落后、缺乏，难以进行下去。并且，随着近几年院校的扩招，在校学员急剧增加，实验设备更是缺乏，一台设备往往需要很多学员一组进行操作，面对时间有限的实验课，根本来不及进行操作。

（三）师资力量整体欠佳

在当今的教学环境当中，教师应当保持与学员的沟通与交流，同时也要对学员的电工电子类相关课程的学习进行指导与教学。但是，在实际的教学过程中，很多教师都是理论型教师，在教学过程中缺乏实践教学，从而导致培养的学员满嘴理论，却缺乏动手能力和创新能力，甚至有个别教师敷衍了事，上课时走个过场，考试前将试卷内容透露给学员。

二、电工电子教学策略的具体实施

（一）丰富、改进电工电子类课程内容

在传统电工电子课程教学过程中，通常采用理论型教材，这种过于强调理论而忽略实践的教学方式，会持续消磨学员们的学习耐心，长此以往会让学员失去学习的主动性与积极性，甚至产生厌学心理。众所周知，电工电子类课程是一门基础课程，根基没有打好，后面的拓展也难以展开。对此，在现今电工电子技术教学过程中，应该对原有的教学模式进行创新与改革。建立更完善的教学体系，对各种与教学相关的资源进行统一的调配，开展多媒体教学、网络资源库和网上课堂，在教学中引入结合互联网的教学模式。增强教师与学员间的沟通交流以及帮助学员养成合作双赢的思想，给学员留出充足的讨论时间，让学员通过合作思考，将教师传授的知识真正变成自己的，最终达到提高教学效率，培养学员养成合作双赢、自主学习的习惯。

（二）教学应当兼顾理论与实践

传统的电工电子技能训练一般是在学完了理论知识后再进行的，理论知识与实践

内容脱节，学员仅凭知识难以深入理解教师教授的内容，从而影响学习效果。理论与实践应当相辅相成，比如，在讲解电子元件时候，让学员亲自进行操作，通过实验来发现各种电子元件的作用，就好比二极管，通过亲自试验来发现二极管的特点，并引导他们自主地推测二极管的用途和意义，这样可以加深他们对二极管的印象。一方面充分调动学员的积极性，另一方面，正因为是自己发现的，所以印象更为深刻。开展多样化的教学方式，做到课堂理论与课下实践相结合，课前预习与课后复习总结相结合。

（三）培养学员的探究意识

电工电子技术是一门以实验为基础的课程，概念多、理论与实验息息相关。因此在教学过程中带领学员进行实验探究，可以更好地帮助学员理解重点、难点，帮助学员更好地掌握和记忆。实验中提醒学员多观察、多思考，循序渐进地引导学员理解概念和定律。这种教学方法不仅能够充分培养学员的动手操作能力、科学探究能力、实践观察能力，而且能够帮助学员养成团结协作的意识，提高学员的探究意识。

（四）注重学员自主创新精神的培养

在传统电工电子相关科目的教学过程中，通常采用用实验去验证概念的教学手法，即老师安排本次实验的实验器材、实验步骤、实验主题，学员只是负责去验证老师给出的主题。这样做虽然节省了课堂教学的时间，但是也限制了学员的创新意识。为了培养创新型人才和提高实验质量，要求教师在实际教学过程中加入一些开放性的实验，让学员通过合作分工、创新设计来完成这些设计性实验，并且要求学员独立完成实验报告，这样间接地需要学员做好预习来准备实验，实验完成后需要认真地去分析实验数据。

（五）开展课下活动

除了课堂教学之外，可以根据学科特点成立各种学习兴趣小组。学员通过自己查阅资料或者咨询老师来自主制作简单的电路，如门铃、声控灯等。制作内容由简单到复杂，制作的电路要具有实用性和创新性，对于电路出现的故障，学员要学会先自主解决，解决不了的再咨询老师。对于能力稍强的学员，可以让他们尝试参加一些科技比赛，一方面可以更好地锻炼自己的学员；另一方面，学员如果取得了优异的成绩，对以后的发展具有很大的帮助。提高学员的动手能力和创新能力，提高学员的学习兴趣与积极性。随着时代的进步，各所士官院校也越来越重视对学员全面发展的培养，而电工电子技术作为一项重视基础的科目，其教学成果受到社会各界的关注。在士官院校电工电子技术教学过程中，应该敢于创新，在传统的教学方式下，融入新时代的血液。比起以传统理论为主，要更加地重视实践，以此来不断提高学员的学习主动性。教师作为知识的传授者以及学员学海之路的引路人，应该严以律己，成为学员学习的榜样与楷模，还要注重对学员各方面素质的培养。综上所述，教师要以身作则，采取积极的应对措施来面对各种问题。电工电子课程举足轻重，教师有责任也有义务投身于士官院校电工电子技术教学模式的改革与创新。

第三节　电工电子教学的有效性

随着经济和社会的发展，各个行业都需要专门的实用型人才，电工电子教学对于培养专业人才发挥着重要作用。作为一名电工电子专业教师，为了指导学生学好电工电子，很好地完成教学目标，有必要研究如何提升本课程的教学有效性。本节将结合笔者和同事的教学经验，从电工电子教学的现状出发，浅谈如何提升电工电子教学的有效性，促进学生的有效学习。

中职学生是一群较为特殊的学生群体，在电工电子教学过程中高投入低产出的现象屡见不鲜。为了促进电工电子教学，有必要对电工电子教学的现状进行深入分析，找到提升教学有效性的措施。

一、电工电子教学中存在的主要问题与简要分析

为了提升电工电子教学的有效性，首先要把握当前的电工电子教与学的现状，分析教师的教学过程和学生的学习情况，找到教学过程中存在的主要问题。笔者在多年的电工电子教学中发现主要存在以下三个方面的问题。

（一）目前部分教师的教育教学理念比较传统，教学成效不佳

有些教师还停留在讲授知识，学生接受学习的固有思路上。传统教学没有能够充分尊重学生的主体地位，对学生的学习过程研究不够深入，很难调动他们的学习积极性。在教学设计上注重知识和技能的传授，对学生的学习过程和掌握情况缺乏有效的监督。

（二）很多电工电子专业教师是非师范生，教育教学技巧不足

电工电子教学不仅需要掌握本专业知识和技能的专业技术人员，更需要能够很好地应用教育教学技巧的教师。但是在实际教学过程中，部分电工电子专业教师欠缺教育教学技巧运用能力，造成教学过程中一些学生理解知识困难，不能完全掌握操作技能，影响了教育教学的有效性。

（三）学生综合素质有待提升，学习积极性欠缺

职业院校的学生大多是升学考试失败或家庭经济条件较差的学生。由于社会上存

在对职业学校学生的偏见与歧视，往往会使职业学校的学生在理想与现实发生矛盾时，不能正确地认识自我，在学生群体中自惭形秽，对自身能力缺乏信心，从而丧失努力学习的动力。中职学生原有的知识基础薄弱、学习能力较差，面对陌生的电工电子专业理论与技能训练难免感到束手无策，困难重重，久而久之，造成学习积极性下降，不能够全身心投入到专业学习中，影响了学习效果。

二、有效教学的概念

目前电工电子教学中的主要问题是教学过程缺乏理论和实践的指导。正如实践是检验真理的唯一标准一样，有效教学这一概念的提出为我们研究教学过程提供了很好的方法依据。有效教学是指在符合时代和个体积极价值建构的前提下，效率在一定时空内不低于平均水准的教学。所谓"有效"的概念，主要关注教师在一段时间的教学完成后，学生所取得的综合素质的发展。教学是否取得成效，不是看教师教学内容有没有完成，而要关注学生有没有掌握教学知识和技能，综合素质有没有得到应有的提高。学生的学习掌握情况，综合能力的进步发展是分析有效教学的根本方向。

有效教学的评价标准是学生的有效学习，其核心是学生的进步和发展。教学是否有效，关键是看学生的学习效果，看有多少学生在多大程度上实现了有效学习，取得了怎样的进步和发展，以及是否会引发学生继续学习的愿望。学生的进步和发展并不只是传统教学强调的知识和技能的掌握，而是指学生在教师引导下在知识与技能、过程与方法、情感态度与价值观"三维目标"上获得全面、整合、协调、可持续的进步和发展，是注重整体教学目标的进步和发展。如果背离或片面地实现教学目标，那么教学就只能是无效或低效的。现代教学理论认为：教学过程中要体现学生的主体地位，教师要充分发挥出学生的自主性和积极性，激发学生的学习兴趣，营造轻松和谐的学习气氛。教学中强调以学生为主体，教师为主导，学生应该是教学活动的中心，教学过程中既有教的活动，也有学的活动，教师通过一些活动教授知识。教学的有效性既体现教师教学的有效性，更体现学生学习的有效性。

三、提升电工电子教学有效性的措施

对于当前电工电子教学中遇到的主要问题，笔者利用有效学习的理念分析它们，结合多年的专业教学实践，得出一些教学心得，下面浅谈一些提升电工电子教学有效性的措施。

（一）关心爱护学生，提高学习信心

著名教育家苏霍姆林斯基曾说："教育是人和人心灵上最微妙的相互接触。"要想提

高学生的学习，就必须先走进他们的内心，爱其师，亲其道。一些中职学生在小学、初中的学习过程中，成绩一直不理想，从而会产生厌学的心理，他们缺乏学习目标和生活目标。受家庭和社会影响，一些中职学生自卑心理较严重，他们既看不起学校又看不起自己。面对这种情况，教师一定要多关心爱护学生，观察每个学生的特点，关心他们的学习和生活情况，体谅学生电工电子学习遇到的困难，根据学生的具体情况设置相应的学习任务，促使学生完成学习任务，提高学习的自信心和成就感。

（二）尊重学生的主体地位，激发学习兴趣

教师在教学设计中要充分考虑学生的学习情况，为学生提供主动参与的平台和空间。保证学生的主体地位是开展有效教学的关键，教学过程中要始终体现学生的主体地位，充分发挥学生的自主性和积极性。教师在教学过程中给学生展示自我的机会是保证学生主体地位的关键，作为教师，我们要给学生思考的空间，给学生展示、交流、质疑、提问的机会，这样教师才能知晓学生的真实情况。只有教师走下讲台，走近学生，让学生表达自己的真实想法，才能真正体现学生的主体地位。

爱因斯坦说过："兴趣是最好的老师"。电工电子作为一门电学专业课，要提高教学的有效性，就必须激发学生对电工电子学习的兴趣。学习兴趣越浓，学习积极性就越高，学习效果就会越好。中职学生的成绩虽不好，但感情丰富细腻，情绪易调动，积极性也易激发，但积极性难以持久。这就要求教师在备课的过程中充分考虑到中职学生的心理特点，结合所授内容，精心设计教学活动，增加学生学习的兴趣，提升教学成效。

（三）教师深入研究课程，做好理论联系实践

电工电子是一门实践性很强的学科，要求学生不仅要学习电学理论知识，更要掌握实训操作技能。这就要求教师深入研究课程内容，做好课堂理论教学的同时，更要重视实习实训。做好理论和实践的紧密连接，促进学生的高效学习。比如，在"电工电子模块二"的基尔霍夫电流定律这一节教学时，首先学习理论知识，让学生认识简单的电路及其各个组成部分。然后进行实践教学，学生在教师的指导下两人一组连接基尔霍夫定律实训电路，规范操作测量数据，分析节点电流关系，总结出结论。通过理论联系实践教学，学生在感性认识的基础上，电学理论知识得到了深入理解，提高了分析解决问题的能力和实践操作的能力，促进了学生的全面发展。

总而言之，为了提高电工电子教学的有效性，作为一名专业教师，要认真研究教材，做好理论联系实践，关心爱护学生，充分尊重学生的主体地位，激发他们的学习兴趣，切实提高学生的学习成效，真正实现学生的有效学习。

第四节 信息技术与电工电子教学的整合

对于职业院校来说，教学的主要目的是为国家培养更多的技术型专业人才，而优秀的人才需要在未来的职业岗位上充分发挥自己的作用和职能。为了提高职业院校的教学改革效率，许多职业教师创新了诸多教学模式。随着科学技术的快速发展，越来越多的人将信息技术应用于职业电工电子技术课堂的教学过程，且取得了良好的效果。因此，建议将信息技术和职业电工电子技术课程教学相整合，针对职业教育模式的创新和信息技术的应用进行深入研究，尽可能采取多种方法促进职业电工电子技术课程教学效率的提升，从而为国家输送更多的综合型优秀人才。

（一）创新整合理念，根本上促进教学开展

电工电子技术课程教学与信息技术相整合，需要对教学理念进行整合，这需要发挥中职电工电子技术教师的优势作用。教师要明确信息技术与电工电子技术课程相整合能够使教学模式得到创新，强化学生的信息技术素养，在这种整合理念下，教师能够对教学模式进行积极的创新。在整合过程中，教师要尊重学生的主体地位，在教学中注重强化学生的综合文化技术，将专业技能学习以及未来行业发展需要作为整合教学的重要目标。在这种教学模式下，让学生更好地学习电工电子技术，为其今后的成长、发展等奠定坚实的基础，使学生的思维得到拓展，能够在今后的就业中获得好的进步。

（二）发挥多媒体技术，提高教学实用性

如今多媒体技术不断发展，有助于教学模式的创新和改革，多媒体课件色彩鲜明，图文并茂，将其应用到中职电工电子技术课程中，能够提高教学的实用性，使课堂教学的信息量增加，对学生的多种感官进行刺激，进而实现理想的教学效果。比如在研究电工电子课程中的安全用电知识时，教师可以利用多媒体展示容易发生触电的危险画面以及动画等，让学生能够直观的对触电危险性进行分析，进而提高对触电防护的重视程度，采取有效的防触电技术。

（三）发挥实验投影优势，强化实盼演示效果

在电工电子课程操作示范教学时，元器件的识别、导线连接等都是比较细致的教学内容，实验仪器的可见度不高，大班授课不利于学生示范要点的掌握。而使用实物投影仪能够将识别难度大、微型元器件以及操作过程等进行呈现，使学生的视觉效应被充分的调动。比如学习万用表的使用情况时，教师可以利用实物投影仪对万用表测量电阻的操作过程进行演示，并对注意事项进行强调。通过实物投影仪的放大功能，将操

作的画面投射到大屏幕上，学生能够对操作过程中认真细致的观察，并了解读数的方法，使演示效果得到强化。

（四）仿真软件模拟实验，提高实险结果准确性

在中职电工电子课程教学中，实验是极为重要的方法，传统实验操作中容易出现机器磨损、故障等不足，使得电工电子技术课程教学受到限制。随着虚拟实脸技术的发展，使用信息技术，发挥仿真软件的优势，使实脸设备出现问题的情况得到有效的消除。利用仿真软件对实验进行模拟，能够使实验更加准确的操作，让学生在实验操作过程中对理论知识有更好的理解。使用虚拟实验软件，能够事先设定数据，从而获得比较准确的实验结果。

第五节　电工电子教学过程中，学生的主体地位

随着我国社会经济的快速发展，各个行业对专业人才的需求也越来越大，对职业人才的专业技能要求也不断提高。因此，为了培养高质量、高技能的创新型专业人才，技工院校需要加强对电工电子教学过程的创新和改进。结合当前的电工电子教学现状探索出高效的教学方法，使学生的课堂主体地位可以被充分凸显，从而有效激发学生的专业学习热情，提高其专业综合素养，并为社会输送高质量的电工电子专业人才。

电工电子作为与电学相关的基础课程，因其综合性和实践性较强的特点，在相关专业人才的培养过程中占据重要地位。学习电工电子课程是为了帮助该专业的学生掌握基础的电工电子理论知识和专业基础技能，使学生能够在明确了解电工电子的应用领域后，确立个人的学习目标，为未来深入的学习打下坚固的理论基础。但是由于目前的技工院校在电工电子教学中存在较多问题，为了提高电工电子教学的质量，专业教师需在教学过程中凸显出学生的主体地位，以此来有效激发学生对专业学习的热情，提高学生专业学习的质量。

一、技工院校电工电子教学现状

（一）教学理念过于传统

随着社会竞争不断加剧，技工院校依旧受传统教学理念的影响，教师在电工电子的教学过程中过于注重对专业理论知识的讲解，而忽略了对专业实践环节的构建和开展。随着我国社会经济的快速发展，相关用人单位会更加青睐于引进实践能力强且具备丰富专业知识的电工电子人才。但由于目前的技工院校在电工电子教学的过程中未

能给学生提供良好的实践机会，学生虽有丰富的理论知识，却因缺乏相应的动手经验，无法在未来的社会就业中获得个人心仪的专业职位。

（二）教育模式未能与时俱进

随着社会专业需求的不断增大，技工院校依旧沿用着传统的教学模式，以至于单一的课堂教学方法无法满足当前的社会需求；又因模式限制，导致教师无法与学生进行及时的沟通和交流，且不能根据实际教学情况为其提供有趣的实践机会，从而使电工电子专业人才在教学模式的影响下无法提升个人的创新能力，并降低了自身的专业综合素养，使个人无法在未来的社会就业中更好地适应和学习最新的行业知识，降低了个人的职业塑造性。

（三）忽视了以学生为主体的教学理念

长期以来，技工院校忽略了在教学过程中的学生主体地位，严重限制了学生的学习主动性，使学生无法在实践过程中验证理论知识的合理性和有效性，进而降低了个人的专业学习热情。并且，由于部分专业教师缺乏以学生为本的教学理念，他们往往更加注重对基础理论知识的讲解，却未能为学生营造良好的教学情景，致使其不能在自主动手的实践过程中激发个人的专业学习热情，而且不能很好地提高个人的创新能力和技术操作水平，进而严重限制了学生未来在行业的发展。

二、技工院校电工电子教学过程中，学生主体地位的凸显

（一）构建科学高效的教学方案

为了在电工电子教学过程中重点凸显学生的课堂主体地位，专业教师须根据教学内容构建合理的教学方案，通过对班级整体的授课情况以及学生知识掌握情况的了解，选择可以满足班级多层次学生学习需求的教学内容，以此来有效激发学生的专业学习积极性，且不会因教学内容过难而打击他们的学习自信心，使其能够在老师的正确引导下逐渐养成自主学习意识，提高个人的专业综合水平。并且，由于技工院校的学生会在毕业后立即投入专业性较强的工作实践中，因此，为了培养电工电子专业人才的专业技能，专业教师除去对课本理论知识的讲解外，还须为其提供一定的实践机会，使其能够在教师的正确引导下，在实际操作过程中，不断提升自己的专业技能。另外，教师还须在课堂中详细讲解与电工电子专业相关的企业的发展状况，以此来帮助学生了解行业的发展前景，从而使其能够确立就业目标，并在实际操作过程中养成遵守职业原则的意识，进而可以在理论、实践相结合的特色教育模式下，有效提高专业综合技能，并进一步加强专业动手能力，提升创新思维意识。

（二）贯彻以学生为本的教育理念

在电工电子课堂的教学过程中，如果教师占据课堂的主体地位，会直接影响到学生的思维模式。所以，为了有效激活学生的思维模式，专业教师需要贯彻以学生为本的教育理念，引导学生对专业知识进行主动的探索和思考，使其能够在长此以往的自主学习中提升求知欲望，并能进一步加强实践操作热情。随着学生的专业学习积极性不断加强，专业教师也可以在其自主实践的过程中，了解他们对理论知识理解的不足和缺陷，从而使教师可以根据实际教学情况为不同的学生设计针对性的教学方案，并通过科学地调整教学内容，来进一步加强教师与学生之间的相互作用，使教师和学生可以在相互观察和学习的过程中，大大提升教师的教学能力和学生的专业综合水平。

（三）融合应用大量的教学方法

传统的教学方法采用单一式的讲解给学生灌输专业知识，这种教学方法虽然能有效加强学生对理论知识的理解和记忆，但是在培养动手能力和创新能力方面略有欠缺。因此，为了有效提高电工电子专业人才的综合素质，专业教师须依据教学内容重点讲解公式、原理、内容和难点，通过由浅至深、循序渐进地为学生详细讲解专业知识，并将理论知识与实践练习进行有效结合，从而使学生可以在巩固理论知识的同时丰富自身的专业实践技巧，并能够在教师的举一反三中加强创新思维，进而有效地提高专业学习水平，加强专业综合能力。针对实验课程，专业教师还可以带领学生进入实验室进行学习，通过讲解和演示实验内容，有效激发出学生的专业学习热情和动手欲望，使其能够完美地设计生活中常见的电路，并能将自己在实验过程中所遇到的问题及解决方法与同学进行相互交流，以此来进一步拉近同学间的友好关系，能够在他人的实验中总结经验，弥补个人的专业不足。

（四）融入现代化的教学手段

随着信息技术的快速发展，各大院校都开始引入应用信息技术的教学手段，因为网络内容所涉及的电工电子技术内容较为广泛，并能够将复杂的电工电子理论知识利用多媒体进行更生动、立体的展示。为了有效提高电工电子课堂的教学质量，专业教师可以将较为危险的操作和实验利用计算机仿真软件来为学生进行模拟演示，从而使教学内容可以在保证学生安全的前提下达到最优质的教学效果，并因仿真实验不易受外界干扰，所以其更能为学生反映出实验的一些本质现象，帮助他们更深刻地了解电工电子技术的相关内容。另外，专业教师还可以利用网络共享资源来让学生进行课后自学，将电工电子技术课程的课件、录像和习题放置在公共的教学平台上供学生下载，并构建师生交流软件，以此来有效突破教学限制，使学生随时随地都可以学到专业的理论知识和实践操作，并能将所遇到的专业问题与教师及时进行沟通，从而有效提高学生的专业学习水平，并进一步加强专业实践能力。

（五）丰富电工电子教学的实践环节

实践作为电工电子科目的重要教学环节，其不但能够有效培养学生的实践和创新能力，还能使学生在有具体实验目的和要求的实践过程中，加强对专业理论知识的理解和掌握，并且能在理论知识的基础上利用创新思维发挥创造力，对电工电子操作进行深入的探索和实验，从而有效提高专业实践水平。在创新性专业实验的操作过程中，专业教师还须时刻观察学生的具体操作步骤，通过对其不合要求的操作方式进行有效制止，以此来保证实验安全顺利地进行，并能让学生在相互交流、沟通的过程中将所学知识充分应用，从而有效提高分析和操作能力。

（六）以科研活动提高专业教学质量

教师作为知识传播的领导者和引路人，只有具备广阔的知识面以及扎实的专业基础，才能有效地提高课堂的教学质量。因此，为了提高电工电子专业教师的业务素质，技术院校须积极鼓励教师开展科研活动，让其在自主探索中学习到新的专业知识，并加强对新型教学模式的探索和创新，从而进一步提高专业教师的综合教学水平，提高其实践课堂的教学能力。并且，为了有效拉近师生间的友好关系，使教师和学生可以在科研活动中共同成长，专业教师可以在做研究的过程中引导学生参与协助，让学生在教师的鼓励下，更自信地与教师进行共同研究，从而使其可以明确个人的学习目标，进而有效提高专业学习效率。

虽然改变传统的教学方法是一个漫长的过程，而且在教学方法的创新过程中会面临众多难题，但为了有效提高电工电子专业课堂的教学质量，专业教师须结合当前社会发展的需求，并根据学生的学习水平、特点来为其设计科学、合理的教学方案。专业教师在新教学方法的实践过程中，对不合理的细节要做出及时且合理的调整，从而使教学方案可以在不断实践改正的过程中得以提升，进而明显提高专业课堂的教学质量，并能够持续为社会提供高质量、高技能的创新型专业人才。

第六章　基于新课改的电工电子
教学改革模式

第一节　电工电子实训教学模式

电工电子实训是高校工程训练中心工程实训的一大主要模块，积极探索和推动其教学模式改革对培养高素质、能力强、应用型本科人才有非常重要的意义。通过对电工电子实训教学思想、教学目标、教学手段以及师资队伍建设的深入研究，构建出了涵盖"基础训练""综合训练""创新训练"多层次、个性化的教学体系；制定了以兴趣为导向、项目为载体、作品为依托的教学机制；实现了"学、训、考、评"相结合的教学过程；提出了优化电工电子实训教师队伍的初步方案。

在当今社会，面对科技知识和工程技术的迅猛发展，关于不断提高大学生的工程素质和实践动手能力的必要性已达成共识，各高校的校内工程训练中心如雨后春笋般应运而生。电工电子实训作为工程训练中心一大主要实训模块，电工电子实训课程的教学效果变得非常重要。好的教学效果往往需要一个完善的教学模式与之匹配。长此以往，电工电子课程一直是自动化、电气自动化、机电一体化等工科电类相关专业的专业实验课程，当将其纳入到工程训练中心时，其相应的教学内容、教学思想以及教学主体都发生很大的变化，那么如何建立一个新型的教育模式与之相适应已迫在眉睫。本节将根据电工电子实训教学的实际情况，从教学体系、教学机制、教学过程、师资队伍建设等多个方面对电工电子实训教学模式进行深入详细的探讨和研究。

一、构建多层次、个性化的教学体系

长期以来，大多数高等院校开设的电工电子实践课程的教学主体一般都是电类相关学院具有一定专业基础的学生。由于教学对象和目标都比较单一，专业性非常强，很多非本专业，尤其是非工科类的学生接触电工电子实训课程的机会非常少，相关方面的动手能力也得不到培养。而新成立的工程训练中心作为一个服务全校的公共服务平台，其受益的主体是全校所有学生。由于教学目标多元化，所以必须构建与之相适

应的多层次、个性化的教学体系。

基础训练课程作为全校一年级新生的公共必修课，主要是让他们能掌握一些基本的与生活息息相关的电工电子方面的技能，希望在提高他们实践动手能力的同时，能为今后的生活就业提供一些便利。例如，基础训练课程中的"住宅布线"，主要是让学生对基本民用电常识有一定的了解，能掌握双控开关、日光灯等简单家用电路的安装和日常维护。"计算机拆装"主要让学生在对计算机一拆一装的过程中，了解计算机的基本硬件结构及工作原理，能解决计算机使用中的常见故障。"综合训练课程"主要面向电类相关专业的学生，以专业选修课的形式展开。综合训练一般是通过一个完整的具有代表性作品的制作，让学生掌握电工电子相关的专业技能的同时，进一步夯实专业基础知识，为今后的就业打下坚实的基础。例如，目前开展的综合训练课程"电子产品设计制 I "，学生通过自己动手设计制作一个电子钟，不仅可以掌握电子产品从绘制原理图、制作电路板、到最后的焊接装配整个过程，而且可以通过后期的编程调试掌握相关软件的使用。创新训练由中心新成立的电工电子创新实训室负责，学生主要以课题制作或是作品竞赛的形式参与。中心成立的电工电子创新实训室与各个学院的创新实验室有很大的不同，学院的创新实验室一般由于资源十分有限、目标很明确，往往只有少部分非常优秀的学生受益。例如，目前电气学院的创新实训室主要参加一些如电子设计大赛等规模较大的竞赛，只有本院比较优秀的学生通过层层选拔才能进入。而工程训练中心的电工电子创新实训室是一个面向全校学生的开放性实训平台，学校为此投入了大量的物力和人力，只要是对电工电子方面比较感兴趣，愿意学习的学生都可以自主制作或是参与校内外相关竞赛的形式参与，创新实训室的教师会根据学生的实际基础和能力，制定出不同难度的课题，力求做到因材施教。

二、制定以兴趣为导向、项目为载体、作品为依托的教学机制

针对目前大多数电工电子实训课程内容过于陈旧单调，选择性少，结构不完整等问题，学校制定了以兴趣为导向、项目为载体、作品为依托的教学机制。兴趣是学习的第一导师，在平时的工作或生活中，教师应该多和学生交流沟通，了解他们的兴趣点和实际学习情况。这样在课程内容的选择和教学过程的实施中，才可以在保证实用性的前提下充分考虑到学生的兴趣，以兴趣引导学生，让他们可以充分发挥自己的主观能动性，最大限度地激发他们的潜能，努力使课程效果达到最优。为了既保证课程内容的完整性，又可以让学生灵活地选择课程时间，学校将电工电子实训课程细分成一个个细小独立的项目，方便学生灵活地分配时间，分门别类地掌握各项电工电子技能。项

目的具体学时可根据项目自身的难易程度确定。电工电子实训项目和普通的电工电子实验课程有着很大的区别，电工电子实验课程一般是利用实验室已有的设备进行一些验证性的实验，但中心的每一个实训项目都会通过一个完整、真实的作品来完美呈现，选定的作品必须具有代表性，而且难度适中，学生还比较感兴趣。例如，基础训练项目——太阳能苹果花的制作，学生通过制作小巧可爱的太阳能苹果花，不仅了解了基本的电路电子元件，熟练地掌握了锡焊技巧，还可以在实训过程中体验到成就的快乐，进一步激发他们潜在的学习动力。在综合训练项目——电子产品设计制作Ⅰ中，学生还可以将自己制作的电子钟作为后期的软件开发平台。

三、设计学、训、考、评相结合的教学过程

"学"即学生在开始实训前，要对实训项目的相关理论基础知识进行必要的学习，以免出现理论知识与实训课程脱节的现象，影响现实的教学效果。在实训前，教师必须对相关的理论知识作一定的讲解，讲解应尽可能地做到精准、简洁、幽默。在涉及具体的操作技巧时，应向学生演示整个操作过程，操作过程要求标准规范。有时候，学生人数比较多，教师在演示时，很多后排的学生可能看不清楚；或者当演示内容比较多时，学生有可能刚记住了后面的就忘了前面的，给后续的操作带来一定的困难。因此应该充分利用多媒体教学设备，丰富教学手段。例如，在给学生讲解电路板的制作时，可以将热转印、腐蚀等电路板制作技巧录制成标准化视频，在课堂上循环播放。"训"即在实训时，应该提供给学生尽可能多的独立动手实践的机会，让他们在实训的过程中学会自己发现问题、解决问题。实训中，那种"手把手"教学生操作的方式是不可取的，应坚决践行学生的主体地位，让他们学会自己去尝试，去解决，这样才能真正提高动手能力，自信心也可以得到培养。但这并不意味着在学生实际操作的过程中，教师只是充当一名旁观者。教师应该在实训过程中，不断巡视和观察学生的完成情况，及时纠正学生的错误，给予他们正确的引导。"考"即教师根据学生某一项目作品的完成情况，给学生定一个合理、公平的成绩。每一个项目都应当制定合理细致的评分标准，教师在给学生打分的时候应严格参照评分标准，力求做到客观公正。"评"即学生对项目和教师的评价。在课程结束后，学生在上交的实训报告中，给每个项目和教师的满意度评分，并提出有效的意见和建议。根据学生的评定，一方面可以督促教师不断改善教学方法，提高教学水平，另一方面，可以参照学生的反馈，对已有的项目进行优化或是开发新的项目。

四、优化电工电子实训教师队伍

优秀的教师是保证教学质量的前提。要提高电工电子实训的整体教学质量，必须加强电工电子实训教师队伍的建设。首先，应根据中心实训教师人员的构成特点，通过定期开展教研活动，营造相互学习的氛围，促进大家共同成长。中心实训教师大致可以分为两类：一类是实践经验非常丰富的高级技师，他们具有高水平专业技能，但在理论知识水平上稍有欠缺；另一类是来自各大高校的毕业生。他们可能专业理论知识比较扎实，但是实际操作水平仍有待进一步提高。因此，首先应该充分利用他们各自的优势，多开展教研活动，让他们能在相互学习的过程中取长补短，逐步完善自我。其次，要多给教师进修、深造的机会。面对科技和工程技术飞速发展的现代社会，教师只有不断更新自己的知识储备，提高自己的业务水平，才能满足电工电子实训教学的要求。所以除了内部的相互学习外，学校应大力支持老师进修、深造，通过在外面的学习交流，从业务知识、教学方法、教学思想等各方面提升自我。最后，通过自我修炼，努力做一名德才兼备的魅力型教师。夸美纽斯曾精辟地论述过"教育成功的重要因素之一是教育的人格化"。作为课堂教学的主导者，在言传身教的过程中，教师的个人修养一方面会影响到学生今后的人格发展，另一方面也会在一定程度上影响学生的积极性。比如，学生有时会因为欣赏一名教师而认同他的人生观和价值观；而有时候学生也可能会因为讨厌某个教师，连带地讨厌他所教的课程。因此，作为一名高校实训教师，应该在平时的生活和工作中努力提高个人修养，争取做一名深受广大学生欢迎的好教师。

本节从综合性院校工程训练中心电工电子实训教学的实际情况出发，对电工电子教学模式进行了深入的探讨和研究，取得了一定的研究成果。文中提出的新型教学模式已成功应用在三峡大学工程训练中心电工电子实训教学中，在很大程度上提高了电工电子实训教学质量，得到了师生的广泛好评。但这还远远不够，电工电子实训教学模式改革是一项长期而复杂的任务，在今后的学习和工作中，应继续努力探索和研究，为推动电工电子实训教学模式改革添砖加瓦。

五、教学内容与教学手段的更新

（一）丰富电工电子实训教学内容

电工电子实训培养学生正确认识常用的元器件，掌握它们的性能和工作原理，教学生熟练使用常规的仪器。实训内容应该包括大部分电类基础知识，学生经过实训后可以进一步巩固所学知识。通过实训，学生可以设计并安装调试一个具有一定功能的产品，使学生获得独立完成作品的成就感，培养学生解决实际问题的能力，增强他们参加工程实践的信心。

实训内容要随着知识的更新有所创新、增减，只有丰富电工电子实训内容，才能体现实用性和先进性。电工方面，可以在原有简单的低压配电、电动机正反转控制的基础之上，增添综合应用控制较为复杂的三台电动机等内容。电子方面，在原有焊接练习，万用表安装调试，稳压电源制作等项目的基础上，增加多谐振荡器、数字计数器、数字抢答器、环型流水灯制作等内容。由于增加了实训项目，可以对这些项目进行更多的优化组合。根据不同的专业，选择不同的实训项目，而同一实训项目又可根据专业来要求学生达到不同的实训目的。如对于一般的专业在完成"电动机正反转"时，只要求实现正反转功能即可，而对于自动化专业来说，要求学生在实现正反转的同时，还要使设计的指示灯有序地按要求指示。

（二）更新电工电子实训教学手段

实训教师可以根据实训内容制作多媒体课件，将学习内容生动形象地呈现给学生。例如，在接触器控制"Y—Δ"降压启动控制线路的安装中，先将实训内容做成多媒体课件，用课件演示接触器的运作情况和接线步骤，加深学生对原理的理解，重点突出几个容易造成故障的连接点。再通过实物示教板观察电动机是如何进行"Y"形连接降压启动和"Δ"连接全压运行的情况，使学生在头脑中形成较深的印象。这样不仅节省了大量时间，而且激发了学生极大的学习热情，教学效果十分明显。教师在讲解时要简明扼要，提醒学生容易出错的地方，在讲解元器件和工具的使用时要与实物结合，使学生对元器件和工具的使用有具体的了解。

教师还要根据实训内容进行示范操作，示范操作可以使学员获得感性知识，加深对学习内容的理解，还可以把理论和实际操作联系起来。这是实训教学的重要步骤，教师的示范操作要做到步骤明晰，动作准确。在必要时，可以让学员按要求重复操作一次。在实训过程中，教师要经常巡视，采用启发式教学引导学生的积极性，由于学生知识水平和动手能力有限，会出现各种问题，这就要求教师要一边巡视一边进行讲解，对操作中存在的问题要及时纠正，反复讲解。学生完成指定的内容后，可以在实训室根据已有的工具和元器件，自己设计制作感兴趣的作品。同时学校可以开展电子设计大赛，激发学生的兴趣。

六、规范电工电子实训教学管理

电工电子实训面向学校各个专业开放，每学期参加实训的人数近千人，因此在开课时必须保证学生的实训任务和时间安排。实训教师要强调实训的重要性，使学生在主观上高度重视，实训报告经教师检查后一律当场上交，避免学生互相抄袭，学生成绩的评定要综合考虑，只要有 1 个项目不合格，成绩便定为不及格，这样做可以督促学生认真参加实训。根据学生参加实训的态度、操作技能、实训报告、作品质量和考试成绩综合评定总成绩，实训教师在实训过程中要分工明确，严格要求学生，加强管理，有效而顺利地完成教学任务。

七、编写实训大纲和实训教材

2006 年，学校为实训中心购买了大量的实训设备和 20 组综合实训台，教师根据新的设备和开设的实训课程重新编写了实训大纲和实训教材。大纲对实训标准进行细化，使实训教学具有更好的操作性。大纲的宗旨是以学生培养为中心，充分强调学生对实训知识的探索和主动发现问题的积极性，让学生的主观能动性在实训中被充分激发。实训内容注重学生创新能力的培养，注重反映新知识和新方法，体现可操作性。

我们编写的教材突出实用性，是根据本中心使用的设备型号和具体开设哪些课程编写的，强调实践性，充分地考虑内容的实用价值，保证了专业基础课和专业课内容的衔接，是理论教材的扩展与延伸。教材内容以学生动手能力、工程实践能力为培养主线，重点放在电工安装操作技能和电子工艺焊接操作技能的实训上，采用由浅入深的方法，从基础实践技能到综合实践技能的训练，充分体现出了专业的系统性和完整性，培养学生分析和解决实际问题的能力和严谨务实的工作习惯。

八、提高指导教师的素质

教师在讲解理论、指导学生、设备维护等方面起着重要作用，一支结构合理、素质过硬的教师队伍，是保证教学任务顺利完成的关键。教师在上课前要提前做好准备工作，这要求教师必须熟悉教材、仪器、进度等，做到周密细致。学校要求教师要努力提高教学水平，利用业余时间参加理论课学习或实验培训，把精力投入到实验研究上，不断改进和创新实验内容。

教师要多参加相关的学术交流活动，到其他院校取经，加强专业技能以及信息检索等方面的学习，拓宽知识面，注重培养创新技能，提高指导学生电工电子实训的能力。教师要团结互助，共同搭建创新实践教学平台，注重将工程教育、创新教育理念更好地融入实践教学体系，注重培养学生创新意识和工程实践能力。

怎样把电工电子实训教学模式制定好，使电类专业学生具备初级电气工程师的能力与素质，使非电类专业学生具备较强的实践动手能力，是一个值得大家长期研究和探讨的新课题。按照高校人才培养目标的教学要求，教师们应努力提高自身专业水平，群策群力，把电工电子实训这门课程开设好。

通过近一年的改革，我们看到了显著的效果，学生的学习热情提高了，动手能力、工程实践能力、创新能力和理论联系实际的能力得到进一步的锻炼，学生没有走出校门，就有了一定的工程实践经验。现在的企业都愿意招聘实用技能型人才，通过电工电子实训满足了企业的要求，企业成本降低，收益提高，整个社会必然从中受益。

第二节　电工电子行动导向教学模式

众所周知，不同于普通高级中学的教学目的，对于高等职业技术院校来说，培养具有合格的职业技术和技能的学生才是最根本的。而在如今信息瞬息万变的新时代，高职电工电子教学显得越来越重要，符合要求的教学模式对学生的就业将会产生积极的影响，而行动导向模式就是一种非常实用的教学模式，笔者在本节中重点探讨了在高职电工电子的教学中，行动导向教学模式的相关应用。

"电工电子"也许是现代科技社会发展与进步的主题。因为电工电子关系着人类的未来，没有电工电子，人类就没有光明强健的科技化未来。电工电子教学，更是身为高职教学工作者的我们需要重点关注的领域，因为我们承担着高职学生电工电子教学的重大责任。没有电工电子，学校就失去了灵魂，这个世界也将会变得毫无生机。电工电子教学对学生的工作能力有很大的意义，正确地运用电工电子教学，能够增强日后高职学生步入社会的就业能力，有利于他们掌握这个信息化社会的时代脉搏，使他们在今后能够拥有脱颖而出的工作能力。因此，身为一名高职教学工作者，在电工电子的教学工作中，我们应当以自己为原点，学校为半径，脚踏实地地在教学工作中运用行动导向教学模式，为学生未来的人生打下坚实的知识基础。

一、行动导向教学模式在高职电工电子教学中有什么重要性

行动导向教学模式对高职电工电子教学具有重要意义。众所周知，教师对学生有很强的引导作用。如果教师在学生学习的过程中不能起到很好的引导作用，那么即便教师所实施的教学模式再优越，也不能给学生的学习带来任何的好处。而如果教师在教室能够起到很好的引导作用的前提下，又能够采用行动导向教学模式，并且将其运用自如，那么教师就会对学生起到很好的教育与引导作用。而由于高职电工电子教学的特殊性，学校在实际教学中可能更加注重于学生实操技能的训练与培养，结合这一实际情况，在高职电工电子教学模式中充分体现实操技能的重要性，这样才能够提高高职电工电子教学的效率，我国的电工电子行业才会涌现出越来越多的人才，为我国建设社会主义现代化国家做出一份贡献。高职电工电子教师须结合学生所学的专业知

识以及学生未来发展的可能性对学生进行职业创新性的启发教育。行动导向教学模式的目标是培养学生的创新性和自主性。这大体上可以通过两个方面来实现，一是通过教学活动启发学生对专业技术技能的创新。教师在教学活动中，要引入一些最新的电工电子技术发展资讯，始终走在发展的最前端，一定程度上能够解决学生认识问题的局限性，对新事物充满好奇，引导学生对已有的学习方法进行创新，教师还可以结合自身的经历、经验启发学生对已有的电工电子的教学活动进行创新；二是通过启发学生学习方式的创新从而提高学生的创新意识。在实际的教学活动中，教师要对现有的电工电子设备以及学生日常接触到的电工电子设备做出创新。除此之外，让学生进行模拟性、研究性学习并与现有的学习方式进行对比，从而使学生更加深刻地认识到行动导向教学模式带给自己的巨大进步。

二、要想实施行动导向教学模式，我们可以采取哪些策略

（一）使学校认识到高职电工电子教学中运用行动导向模式的重要性

在社会急需电工电子人才的情况下，部分高职学校可能会由于各种各样的原因而没能充分地重视这种教学模式，从而导致高职学生在电工电子的学习中，学习效率低下，学习成绩无法提上去。这种情况非常不利于我国电工电子专业高素质人才的培养，也不利于我国电工电子行业的发展与进步。那么面对有些学校的不重视，国家教育部门应该行动起来，采取相关措施，使学校认识到电工电子技术对于当今社会的重要性。教育部还应该加强对教师课堂教学活动的不定期检查，深入到学生中去，积极调查学校是否按照上级部署运用行动导向教学模式开展了电工电子教学。如果有学校对相关的政策置若罔闻，国家教育部就应该对这些学校的领导班子进行严厉的惩戒，使他们认识到国家对培养电工电子专业人才的重视，从而在校园里积极地开展相关教学活动。只有在倡导行动导向教学模式的过程中，使学校能够充分地贯彻落实国家的政策导向，才能真正地达到这种模式所能带给我们的理想效果，才能给教育局呈现出一张满意的答卷，才能不辜负国家对高职电工电子教学模式的充分重视。力求使学生不仅只是学会了电工电子相关知识，而且在课堂上锻炼了充分运用理论知识的实践能力。

（二）以行动导向为驱动，始终让学生处于主导地位

传统的教学模式往往是教师在讲台上传道授业，学生在讲台下认真听讲。这样会造成教师只是单方面地传授知识，学生也只是单方面地接受知识，而他们接受知识的能力差异将会影响教师教学的质量，不利于培养学生发现问题与思考问题的能力。教师应当开创探讨性学习的课堂，在学生中开展小组学习讨论与问题交流，让学生学会自主发现问题、提出问题、思考问题和讨论问题。这种学习模式能够使学生逐渐增强自

身投入到知识学习的积极性，并且领悟到学习知识的真谛。也只有这样的课堂才能够称为高效课堂。在如今这种教育问题越来越引人注目的时代，我们必须开拓创新，充分利用以行动导向为主题的教学模式，使课堂变得更有趣，更吸引学生的目光。只有在课堂上将学生置于主导地位，而教师的课堂知识讲授只是作为辅助，学生才能够了解自己在电工电子学习过程中的长处与短处，继而才能取长补短，使自己的知识能够均衡增长；学生才能在电工电子的学习与工作中被赋予更强的责任感，更大的可能性，才能有机会在电工电子领域中拔得头筹，取得优异成绩！这样做不仅能使学生充分理解教师讲授的知识点，更重要的是能充分发挥课堂的作用，使学生学会反思自己的学习方法，从而在与同学交流与讨论的过程中找到更适合自己的学习方法。这对我国高素质电工电子人才的培养有很大的帮助。

（三）注重实践活动的开展，充分挖掘与利用教学资源

随着时代的变迁，现代科技不断发展，学校里的教育教学资源也在不断地更新，如果教师能充分利用这些先进的教学资源，对于全面提高电工电子的教学质量会有莫大的帮助。过去可能是由于经济与科技的局限性，我国的现代化教具在很大程度上都可以说是严重的缺失状态，进入新世纪之后，我国的科技得到飞速发展，科技化的教具也越来越多，在大学课堂之中也越来越普遍，那么教师必须充分地运用这些现代化的教学工具，给学生一个崭新的现代化课堂，以供他们能够以新时期的学习方式来学习电工电子相关知识。而如果教师故步自封，认识不到现代科技对教育教学的重要性，在教学的过程中只是使用一些传统的教学方式，不会采用新的教学方式，那么学生有可能会对教师所讲的内容没有丝毫的兴趣，由此会引起教学效率低下，影响学生的学习效果。比如，教师在教学中可以运用一些仿真软件来进行电路的模拟，这样学生就能够更加深入地了解到这些电工电子教学模型的具体特点。这种教学模式不仅能使学生对所学知识产生浓厚的兴趣，更能使学生更快地理解与吸收所学的电工电子相关知识。这样能使学生体验到学习的乐趣，更加乐于学习，乐于参与到课堂中去。但是在实际的教学工作中，我们也要注意减轻这种教育方式带给课堂教学的弊端，因为这种课堂不同于传统课堂，对于一些注意力不能充分集中的同学来说，他们很有可能会由于这些新设备的加入，而更加不能投入到教师所讲授的教学内容中去。因此我们应当取其精华，运用这些新设备来辅助教学，但是又不能完全依赖这些新设备。由此可见，只有能够在课堂上灵活地运用教学模式，才能够营造出高效的课堂，使学生在十分有限的课堂时间内学习到更多的有关电工电子的知识。

众所周知，高等职业院校是培养电工电子人才的"主战场"，学校应当在教学中重视行动导向教学模式的运用，积极地号召教师在日常的教学工作中运用行动导向教学模式。贯彻落实这种教学模式能够使学生以更加饱满的热情主动投入到电工电子的学

习中去，日后才能在电工电子方面取得成绩，使我国的电工电子行业能够向未来迈出更大的步伐，为国家的现代化做出贡献！

第三节　电工电子翻转课堂教学模式

为了推动教育改革的进程，更好地促进教与学之间的关系，职业院校将翻转课堂教学模式引入到电工电子技术课程教学改革中。在分析电工电子技术课程特点的基础上，构建起了基于电工电子技术课程翻转课堂教学模式。研究了翻转课堂在该课程教学实践中的实施方法和注意事项，为更好地促进该课程的教学提供了良好的经验。

随着"互联网＋教育"时代的来临，翻转课堂的出现顺应了在线教育的新要求。它借助网络技术，利用教学视频把知识传授的过程拓展到教室外，给予学生更多的自由，允许学生选择最适合自己的学习方式接受新知识，确保课前深入学习真正落实。而把知识内化的过程放在教室内，以便于同学之间、同学和老师之间有更多的沟通和交流，确保课堂上能够真正引发观点的相互碰撞，把问题引向更深层次。本节以"电工电子技术"课程为例，探讨开展翻转课堂，提高课堂教学质量的方法。

一、翻转课堂的主要内涵分析

随着计算机技术和互联网的快速发展，各种新型的课堂教学模式在不断地涌现和发展。传统课堂主要是以教师为主体，并且教师一般都会采用"填鸭式"或者"灌输式"的授课形式，先讲解相关的知识然后进行例题训练，学生在这种形式下通常处于被动的地位，对于学习缺少了一定的主动性。翻转课堂教学模式主要是指学生通过在线视频在家完成知识的学习，而且客户课堂会变成教师与学生之间以及学生与学生之间互动的场所，包括答疑解惑和知识的运用等，从而达到更好的教学效果。计算机技术在教育领域中的应用以及互联网的普及，使现代翻转课堂的教学模式变得更加具有可行性，学生可以利用互联网的便利性去使用一些优质的教学资源，而不是单纯地依赖授课教师去教授知识。在现实的课堂中，教师的角色发生变化，教师目前的责任就是去理解学生存在的问题和引导学生如何运用知识去解决实际问题。

二、电工电子技术课程教学现状

（一）课程教学知识点多，学生掌握不透

电工电子技术是高校工科学生的一门必修课。总体上分为两大部分：电工技术和

电子技术，内容主要涵盖了电路分析（直流电路和交流电路）、常用控制电器、常用半导体、基本放大电路、组合逻辑电路和时序逻辑电路等内容模块。不同的课程组合构成不同系列的课程，以适用于不同专业的学生。课程教学主要包括理论课和实验课。对于非电类专业，如机械设计制造及其自动化、飞行器制造工程、材料成型及控制工程专业的总课时通常为 56 学时，其中理论课 50 学时，实践课 6 学时。教师要在规定的学时内完成所有教学内容和实践环节，导致每堂课的容量大，许多知识点讲得不够透彻；学生上课听不懂，作业不会做；学生学习缺乏积极性、主动性，教学效果不佳成为普遍现象。

（二）理论教学与实践教学脱节

电工电子技术是一门实践性较强的学科，需要学生在相对有限的时间里掌握大量的电工和电子方面的基本知识，在具备一定理论知识的基础之上，还要有一定的实践经验。但是在实际教学时，因为种种限制，往往过于重视对理论知识的教学，忽略了实践教学的重要性。与此同时，学生在学习的过程中，对于枯燥的理论知识兴趣不高，这就使得电工电子技术课程教学效率比较低下。

还有一些学生虽然在学习过程中掌握了较强的理论知识，但理论与实际是脱节的，比如基尔霍夫电流定律，理论教学：流入一个节点电流的代数和应该为零。但是在进行实际实验时，有些学生会很不理解，找一个节点，为什么电流之和不为零，这是因为测量误差的存在，也是理论与实际的区别。长此以往，结果是学生在学习电工电子技术课程后，只能应付考试，几乎没有实际操作能力，理论与实践严重脱节，无法达到预期的学习效果。

三、翻转课堂教学模式的优势

传统的教学模式是老师在课堂上讲课，布置课下要做的作业，让学生在课堂之外练习，而翻转课堂式的教学恰恰是把传统教学的主要结构颠倒过来，这与传统的课堂教学模式大有不同。翻转课堂模式并非源自心得教育和学习理论，而是采用了广大教师所熟悉的学习方法，即学生按照自己的实际情况学习课程。

翻转课堂让学生自己掌控学习，翻转课堂前后，学生利用教学视频，根据自己的情况来安排和管理学习。学生在课外看老师的教学视频，完全可以在轻松自由的氛围中进行学习，而不必像在传统教学课堂上那样，老师集体教学，而学生紧绷神经担心遗漏什么；或者学生因为分心而跟不上教学节奏，学生观看视频的节奏快慢完全由自己掌握，懂了的可以快进跳过，没懂的可以倒退反复观看，也可以停下来思考或者做笔记，甚至还可以通过聊天软件向老师和同学寻求帮助。另外，翻转课堂全面增加了课堂的互动，具体表现在老师和学生以及学生和学生之间。老师不再只是内容的呈现者，已经转变为学生的教练。每个学生都扮演着老师的角色，而老师扮演着教练的角色。翻转课堂带来的是更多的自主学习，从此课堂不再需要苦苦地一边记笔记一边紧跟老师的思路，课上完不成的可以课下接着学，课下学不会的可以带到课上来，课上会有很多"老师"和"教练"点拨。课堂终于不再是以老师讲课为核心了，学生可以按照自己的学习情况和学习进度安排自己的学习过程。

四、电工电子技术课程教学改革的具体措施

（一）在理论教学中采用跨校修学分的翻转课堂模式

网络课程主要包括网络视频、每单元的知识点内容介绍、典型例题、常见的问题解答等，课后作业和测验例题等教学资源也属于网络课程。这些优质的教学资源都是一些优秀教师多年教学积累的经验，也是宝贵的精神财富。学生注册网路课堂之后，从被动学习变成主动学习，然后通过适时提问，提升教学的总体质量。

（二）课程设计采用真题方式和多题目设置方式

电工电子技术课程体系中能够培养综合设计能力和实际动手操作能力的就是课程设计和电子实训课程教学环节。我国某工业大学在应用型人才培养模式的基础上对课程设计和实训环节做出了较大的改革，将以往的实验设备和耗材不足等掉件制约的设计，采用了现代化模式的真题真做形式以及多题目设置形式，课程设计的题目比较广泛，可以让学生根据自己的兴趣选择合适的项目，最后动手设计并完成实物的选件、选型和焊接制作，进而完成实验报告，将设计过程与经验总结描述清楚。在题目的选择中，包括电子报警器的制作、八路抢答器的制作、天亮报警器的制作以及循环 LED 彩色流水灯的制作等，由教师和学生共同制定明确的目标和任务，然后由教师将需要解决的问题做成任务分派给学生，进而在教师的指导下，学生自主组成团队，最后按照实际的分工情况共同完成课题任务。

五、基于翻转课堂的电工电子技术课程的构建

（一）翻转课堂的构建

翻转课堂的基本教学流程是上课前发现问题，课堂内讨论、解决问题，课后消化吸收问题，达到知识的内化。要成功实施翻转课堂，至少应该按三个设计原则来设计：① 把学习的主动权交还给学生；② 督促学生自觉完成课前准备；③ 配合适当的评价机制。根据这些流程和原则，在电工电子技术课程的教学过程中，需从以下三个方面完成课堂的构建。

1.课前教学准备阶段

翻转课堂首先要为学生提供一个便于自主学习的环境。上课前，老师将根据授课

内容录制的微课、相应的PPT课件、电子版教材的相关页面和测试题上传到微助教平台，并把学生分成几个小组，每个小组根据课前分配的任务进行讨论。例如关于支路电流法的学习，老师在课前给学生分配任务，学生自觉复习基尔霍夫定律的内容，掌握关于支路、节点、回路及网孔等方面的知识。学生也可以通过微助教平台向老师提问，老师进行在线辅导，并检查学生的预习情况，督促学生在平台上自学。教师还可以留下复习课前的练习，让学生完成。通过微助教平台了解学生的学习进度以及每个学生未能掌握的知识点。

2. 课中组织教学阶段

课上知识的讨论是翻转课堂的另一个重要环节，也是翻转课堂能否成功"翻转"的关键要素。上课期间，例如关于"差分放大电路"一节的内容，在课前布置了"为什么多级放大电路的第一级普遍采用差分放大电路？""什么是零点漂移？""差分放大电路是如何抑制零点漂移的？"等题目，要求学生带着问题预习相关内容。而在课堂上，一方面要通过课前检测来解答这些问题，更重要的是引导学生对相关的内容进行讨论。譬如，什么是共模信号？什么是差模信号？差分放大电路放大差模信号和抑制共模信号的能力如何衡量？通过小组讨论这样的形式，学生留下的印象会比较深刻。并且小组间的相互讨论既体现了小组成员的荣誉感，又为其他学生提供了示范，从而提高了学生的参与度和学习积极性。它还创造出了活跃的课堂气氛，增强了学生的学习兴趣。

3. 课后总结反馈阶段

在课堂教学活动结束后，老师对学生课前预习、课中讨论过程中遇到的各种问题进行归纳总结，丰富课堂教学的资源和素材。与此同时，可进一步设置知识拓展任务，通知学生在课后根据个人兴趣和意愿进行拓展学习。最后，根据学生的反馈调整下一个进行翻转的课程内容。

（二）翻转教学的应用

课堂上根据学生的不同特点进行异质分组，并分配给每个小组探究式题目，每组规模一般控制在5人左右，每组推选一个组长，组织该小组的探究活动。小组中的每个成员都要积极地参与到探究活动中，随时提出自己的观点和想法。在学期结束后，对开设这门课程的班级成绩进行总结和分析，比较翻转教学与非翻转教学的效果。

翻转教学班级和非翻转教学班级区别明显，翻转教学班学生成绩的优良率更高一点。同时，在平时的学习过程中，翻转课堂真正实现了将学习主体归还于学习者，增加了师生、生生互动，充分发挥了学生的主观能动性。通过该门课程的学习，不仅增强了学生的学习兴趣，更激发出了学生对电工电子技术这门课程更深层次的理解，从被动的"跟我学"转变为"我来学"。

在实施翻转课堂教学法的过程中，也是存在问题的。平时的授课类型通常包括新授课、复习课、讲评课等，教学目标较难确定位，受制于学生的学习内驱力，如果没有课前自觉，课堂就会变成"空中楼阁"，学生的学习基础有差异，课堂起点提高后，学生之间的差距可能拉大。此外，学生的自我管理、自我组织等需要更高的学习积极性和较强的自制力，这是学生必须面对的一大挑战。研究发现在学习过程中，有些学生缺乏积极性，冷漠、没有参与感。如果没有监督，有些学生在课前不按要求观看微课，在小组讨论中，不积极参与讨论，这些都可能导致翻转课堂教学的失败。为了解决这一问题，研究采用"以自学为核心、以任务为驱动"的教学模式，能够有效激发学生的学习兴趣，提高学生的学习能力、实践能力和写作能力，从而提升教学效果，实现信息技术与课程教学的有效整合。

翻转课堂是一种新的课堂教学形式，这种教学形式对教师和学生都提出了新的要求，需要教师和学生的相互配合。实践充分证明，把翻转课堂应用在电工电子技术课程教学中，能有效提高学生的自主学习能力，提高学习效率，使学生更好地掌握学习的内容。

在现如今时代背景下，职业学校得到快速发展，主要为了能够培养出职业技术型人才。在现如今教育制度改革的背景下，职业学校作为教育机构的重要组成部分，也应顺应教育制度的改革不断创新，在电工电子教学过程中积极运用翻转课堂教学模式不断提高教学效果，进而达到职业学校教育目的。

在教育模式的不断创新下，如何使教学效率与质量得到双重提升，从而使学生可以在更短的时间内高效地获得更多的知识成为教育界共同研究的一大课题。在这种背景下，笔者以职业学校电工电子教学课堂教学为出发点，对翻转课堂模式的运用问题进行分析，并且探究其应用注意事项。

六、职业院校电工电子教学环节，翻转课堂运用策略

（1）充分准备学习资料，合理设计微课视频。在电工电子教学过程中运用翻转课堂教学模式首先要做到整合教学资源，充分准备学习资料，利用信息技术对微课教学内容进行设计。这也就是说，翻转课堂的教学是以微课为依托展开进行的，教师一定要重视微课视频的设计，只有这样才能够使翻转课堂教学模式真正发挥作用价值。值得注意的是，微课视频虽然十分重要，但是只是起到辅助作用。简单来说，教师不能让微课成为教学的主体。微课内容大都以短视频为主，因此教师需要在较短的时间内尽可能地将教学内容进行完整阐述。其一，微课视频的设计应建立在教学内容以及教学目标基础上，以学生的实际需求对微课内容进行设计，这样学生才能够真正在微课中学习到知识，探索到问题。其二，微课视频的设计应融入教学重难点知识，这样能够使短短10分钟左右的微课视频更加具备教学价值。例如：在进行职业学校电工电子教学——

三极管内部结构及工作原理过程中运用翻转课堂教学模式时，设计微课视频过程中首先应确定知识点以及教学重难点，再编写教案，将教案发送给所有学生，再通过多媒体技术、信息技术等技术形式将这些教学知识点以及重难点录制成微课视频，通过相应的教学平台传送给学生。此外，对于教案的发送来说，旨在使学生可以利用微课对教学的重难点问题进行标注，以此方便开展课堂教学。

（2）课堂教学过程中解答疑惑，优化教学结构。在进行课堂教学过程中，首先并不是直接引导学生提出观看微课视频遇到的问题，为了能够使翻转课堂教学模式更加高效，在课堂教学环节，应对学生进行分组，以此方便学生在组内对学习内容进行探究，在分小组的过程中，教师一定要注意每一个小组都应具备电工电子学习能力强的学生以及学习成绩较好的学生，这样学生与学生之间才能够更好地进行讨论。另外，展开小组讨论还有一个主要目的就是将学生过渡到认真学习阶段，在这个环节，学生可以对微课内容进行观看，并将遇到的问题更加完整地表述出来，使解答疑惑教学环节更高效。不仅如此，小组探究模式还可以有效激发学生的学习动力，当学生在小组内讨论一段时间之后，教师就可以为学生解答疑惑，引导学生自主提出问题，这样学生的注意力会更加集中，进而有效提高教学质量以及教学效率。例如：在电工电子教学——直流稳压电源的设计与制作过程中，教师可以在教学之前让学生根据相关微课视频进行学习，然后在课堂教学过程中将学生合理地分成几个学习小组讨论问题，并且学习设计电路，再引导学生提出自己小组中不能够解决的问题，教师再逐一进行讲解，表现最为优秀的小组要给予一定的奖励。另外，在课堂教学过程中，翻转课堂教学模式还能够实现优化教学结构，教师把大部分时间交给学生，只负责引导学生，为学生解答疑惑，这能够使学生更加积极主动地参与到翻转课堂教学模式中。

（3）激发学生的学习兴趣，充分发挥翻转课堂的作用价值。电工电子是一门较为枯燥的学科，非常容易使学生对于电工电子的学习不感兴趣。在课堂教学环节，以翻转课堂模式进行教学，可以有效调动课堂的学习气氛，使学生的自主学习能力得到提升。学生是主动者，学生可以在翻转课堂教学模式中自由学习、交流、讨论，同时翻转课堂教学模式是以微课视频的形式开展，这种新颖的教学模式可以有效激发出学生学习的主观能动性，并对学生的学习动力进行有效调动。但就教学现状来看，翻转课堂的运用还存在一定的不足，简单来说，职业学校的学生在心理上以及生理上的变化十分快，在教学环节，教师应注意与学生的认知特点进行结合，运用翻转课堂教学模式，不断寻找适合学生的学习模式，以确保学生学习的可持续性。此外，现在的学生更加喜欢运用新型信息技术对自身的学习能力进行提升，因此教师在对翻转课堂教学内容进行设计的过程中应注重运用新型资源，使学生更好地学习电工电子知识。

七、翻转课堂教学模式在职业学校电工电子教学中应用的注意事项

（1）定期检验学习成果，弥补翻转课堂的不足之处。在电工电子传统教学模式中，教师的教学游刃有余，但是教学改革后，翻转课堂教学对于教师来说还比较陌生，教师不能够充分地掌握教学要领。因此，在电工电子课堂教学环节，教师在对这种新型教学模式进行运用的过程中，一定要重视定期检验学生的学习成果。首先，在教学过程中，教师可以根据相关教学内容以及测评手段，引导学生对学习情况进行自主考查，其主要目的是使学生充分了解自己的不足之处。其次，教师可以设计与教学内容相关的试题对学生进行检测，主要目的是帮助教师掌握学生的学习情况，并且找到学生在哪一环节以及哪一方面存在不足，针对这些不足进行讲解和改进教学，让学生对于知识的掌握更加牢固。

（2）采取任务驱动教学法，解决学生个体存在的差异问题。在电工电子教学过程中，如何能够在运用翻转课堂教学模式中解决学生的个体差异是一个关键性问题。职业学校的学生学习基础和学习能力较差，翻转课堂教学模式中只有一小部分的学生能够做到学习态度良好，积极主动按时完成学习任务，而其他学生缺乏学习热情、学习态度不佳、不具备良好的参与意识。在没人监督的情况下，学生很难积极主动、有效自主地观看微课视频，并且在课堂教学过程中、小组讨论环节时，学生不能够充分投入到讨论中，讨论没产生良好效果，这些都在严重地影响着翻转课堂教学模式的教学效果，一定程度上会导致教学出现失败。为了能够解决这一问题，教师应运用任务驱动法，以学习任务为导向，以成绩为驱动，并且在讨论的过程中运用组内差异、组外同异原则开展讨论，此种方式可以激发学生的学习主体意识，教师还须时常鼓励学生，让学生感受到教师的关注，进而增强学习自信心。

翻转课堂教学模式是随着教育制度改革后出现的一种创新型教学模式，它完全打破传统教学模式，便于运用到电工电子教学环节。在利用翻转课堂进行电工电子课程教学的过程中，学生会带着疑问进入学习过程，从而有效确保学生集中注意力，提高学习效率，使教师在有限的时间内有效向学生传授更多相关知识，促进教学质量以及教学效率有效提升。

第四节　电工电子教学的虚实结合模式

　　电工电子专业的教学是教授一些常用电子电路的设计原理知识，让学生掌握电子产品的制作过程。在教学中，教师要让学生深入了解电工电子相关的知识，要让学生看得懂电路原理图，能对一些简单的电路进行设计。在实际教学过程当中，教师要使用虚实结合的模式进行有效教学，让学生可以在理论知识的基础上进行实践操作，以此来提升学生的专业实践能力。因此，对电工电子教学虚实结合模式进行分析有一定的现实意义。

一、电工电子教学虚实结合模式的意义

　　虚实结合模式主要实施在电工电子实验教学中，在实际教学中若只是融入一两门虚拟仿真实验课程，其模式相对简单，内容也比较固定，无法激发学生学习的主动性。而通过虚实结合的教学模式，可以很大程度地提升学生主动学习的能力。在教学过程中使用虚拟实验，能够将枯燥无味的电工电子教学变得更加生动形象，激起学生的兴趣，提升学习效果。在电工电子教学中引入虚实结合模式，有以下几个方面的优点：一是优化教学资源，提升教学的效率；二是提升学生的实际操作水平，使其能够掌握实际操作方式，在丰富自身理论知识的同时也加强了自己的实践操作能力；三是能够进行优势互补，在实际教学中虚是实的补充，实是虚的延伸，两者共同发挥作用，可以让虚拟实验模式有效地融合进课前预习、课上实训以及课后发展中，尽量地提升学生的综合能力。虚实结合模式的实施，能够加强学生和教师之间的交流。在实际教学中将"实"作为目标，"虚"作为手段，以"实"为主，"虚"为辅的方式来教学。用"实"提升学生解决问题的能力，用"虚"增强理论知识和实际操作的联系。虚实结合模式的实施，让学生可以在学习中获得更多的自主权，培养学生的专业能力。由此可见，电工电子教学虚实结合模式的实施可以有效提升教学效率，加强学生的专业能力，提升电工电子教学的质量。

二、电工电子教学虚实结合模式的实施方式

（一）以滤波器为例子

　　滤波器是使用储能元件滤去整流后，单相脉动电压中的交流分量，让负载电压脉动降低，以此获得相对平滑的直流电压。以滤波器实训套件虚拟结合模式教学为例，

学生在学习时要先从简单的一阶滤波器开始，经过分析低通滤波器与高通滤波器幅频特性与相频特性，学生能够掌握虚拟实验台上函数信号辐射发生器的操作方式，也可以学会示波器与波特图示仪的操作。接着分析二阶低通滤波器与二阶高通滤波器，和一阶滤波器的幅频特性与相频特性进行比较，以理解品质因数的概念。经过对基本滤波器仿真的学习，学生能够通过实验设计出高阶带通带阻滤波器。依据仿真电路明确元器件参数，在制作完成之后测量滤波器的幅频特点与相频特点。经过对仿真曲线与实测曲线的相互比较，学生可以分析其中差异的原因，理解和掌握元器件参数精度概念，培养工程师思维。

（二）以放大器为例子

电工电子中的放大器种类有很多，其中有 A 类放大器，这种放大器在输出信号的整个周期中都有电流流过晶体管。A 类放大器失真比较小，效率也相对较低，即便是在理想情况下，其效率能够高达 50%，一般只有 30% ~ 40% 在输入信号的半个周期中有电流流过晶体管。将放大器作为实际例子来阐述虚实结合模式有一定的代表性，放大器的电路分成同相放大与反相放大电路。同相输入放大电路依据"虚短"和"虚断"概念，信号电压经过电阻加到运放同相输入端，输出电压经过电阻反映到运放的反相输入端，以形成电压串联负反馈放大电路。同相比例运算电路能够输入的电阻比较高，而输出的电阻相对较低。经过对电路进行仿真，学生可以理解其中的放大原理，增加了实际操作的成功率，减少了对元器件的损耗，节省了一定的成本，提升了课堂时间的利用率。在实际教学过程中，将实验场地与时间开放有虚拟实验无限时开放、预约开放以及实训基地全天候开放三种安排，以此尽可能地对实训基地进行创新。在实际创新教学过程中，学生可以提升自己的专业能力。

（三）教学考核方式

在虚实结合模式中实施考核评价也十分重要，科学的考核体系能够提升电工电子教学质量，这是教学中不可缺少的环节。特别是在虚实结合教学模式实施当中，学校需要对考核方式进行有效的创新和改革，否则会在一定程度上打击学生的实践热情，不利于培养学生的创新能力。因为创新实验个性化特点相对突出，所以创新实验评价指标的建设比较复杂，通常简单的指标无法满足评价需要，所以要制定更加复杂的考核标准。学校在经过实践和分析之后，制定创新型实验考核标准，经过可行性、科学性、实用性以及原创性等相关的评价指标来进行考核。在实践教学之后可以让考核标准更加科学和有效，从而让电工电子教学质量有很大的提升。

在电工电子教学中，通过虚实结合模式的实施，用电路虚拟仿真与实际制作结合的方式来进行电工电子教学的改革和创新。通过这种方式，不仅让学生更加直观地了解理论知识，而且提升了学生的实践能力，将学生和电工电子专业之间的距离缩短，为学生以后的学习和工作打下了坚实的基础。

第五节　自动化专业电工电子教学模式

课程实习是自动化专业本科教学活动中的一个重要的实践环节，在明确自动化专业电工电子实习重要性的基础上，针对传统的课程实习模式存在的不足，按照高素质创新型人才培养目标的要求，以能力培养为导向，对自动化专业课程实习改革进行了探索。提出从工程实践角度出发，培养学生自顶而下的设计方法。实践教学结果表明，课程实习的教学质量得到了提高，大大激发了本科生自主学习的热情，教学效果得到了明显的改善。

电工电子实习是学校实践教学环节的重要组成部分，学校自动化专业安排在大二结束的夏季学期，该实习致力于培养学生熟悉电子产品设计方法以及运用知识独立分析和解决问题的能力。培养学生严谨求实的科学作风，使学生从被动学习转为主动学习和自主探索，实现知识向能力的转化。通过这样的实习，提高学生对电路分析的能力，增强独立工作、独立思考的能力。同时在讨论当中，培养学生的团队协作能力。这是教学计划的一个重要的环节和组成部分。长期以来，实践性教学环节一直处于辅助从属的地位，从思想上和做法上都没有提高到像理论教学那样重要的地位；同时由于受到实习时间、场地、经费、学校招生规模逐年扩大等诸多因素的影响，电工电子实习经常局限为完成几个简单的验证性实验，导致没有办法激发出学生自主学习的热情，自动化专业学生的工程实践能力得不到锻炼，更别说全面地提高学生的综合素质，实现综合能力的培养。我们针对自动化专业的电工电子实习教学的要求和特点，结合工程教育专业认证要求，对自动化专业电工电子实习教学改革进行了探索，并且获得了良好的教学效果。

一、电工电子实习的重要性和存在的问题

电工电子实习是教学计划中一个重要的实践性教学环节，致力于培养学生综合运用知识的能力和创新意识，使学生理论联系实际，巩固和加深课堂所学知识，培养学生的动手能力，观察、分析、解决问题的能力。参与电工电子实习的自动化专业的学生已经系统地学习了本专业的专业基础课程，如电路原理、模拟电子技术基础以及数字电子技术基础等，掌握了各单元电路的基本原理，并在相关实验课程中进行了单元实验，能够独立进行单元电路的设计和程序的编写。但根据以往高年级同学的生产实习以及

毕业设计情况来看，学生虽然经过了大量的实验和设计，但大部分学生仍然没有顶层设计的概念，甚至拿到一个综合性题目后不知如何下手，更别说满足设计指标的要求。因此，无法用课堂学习到的知识解决实际问题。传统的电工电子实习模式受到教学理念、实验条件以及经费等客观因素的影响和约束，主要体现在以下几个方面：① 实习内容简单，教学大纲缺乏科学性和合理性，无法满足新时期的需求；② 随着学生人数的增多，指导教师投入精力有限，无法满足实时指导每个同学的需求；③ 实验室管理体系不完善，随着学校逐年扩招，指导大量学生完成较为复杂的设计、焊接以及调试，需要有好的管理理念和方法；④ 由于学生完成的任务仅仅局限在简单的焊接和相对简单的电路调试，所以无法激发出学生自主学习的热情，学生积极性不高，教学效果不佳；⑤ 实习内容不能满足培养创新型工科人才的培养目标。

由此可见，积极探索出一种适合现阶段实际情况的自动化专业电工电子实习模式，提高电工电子实习质量，是实践教学改革的一项重要工作。

二、自动化专业电工电子实习的改革与实践

本科生在平时学习中通常只是学习各门课程，完成学分的积累，所学的知识点都是"剥离的""孤立的"，并没有以"联系的""系统的"观点来学习本专业的知识，很多时候学了后面的知识，忘了前面的知识，不能建立知识点之间相互的联系，针对这些问题，我们及时转变教育观念。电工电子是自动化本科生开展的第一门综合性实践教学课程，培养学生在实习过程中从工程角度出发，站在顶层设计的角度思考问题，增强学生系统工程的意识和实践动手能力，为工程实践奠定良好的基础。

成立电工电子实习小组，完善电工电子。电工电子实习的主体是大二升大三的学生，在这个阶段，他们只是完成了专业基础课程的学习，因此在实习内容的设计上必须围绕他们已经学习过的知识展开，使学生在为期4周的电工电子实习过程中，能够站在顶层设计的角度思考问题，从工程角度出发，完成方案设计、电路仿真、电路板的焊接、调试以及实习报告的规范化书写等流程。下面对各个环节开展的工作进行详细介绍：① 方案设计环节：由指导老师给定设计题目，并对题目中涉及的知识点和参数指标进行分析和讲解，学生在给定时间内围绕相关知识点查阅资料，设计系统方案；然后指导教师对学生设计的方案进行初次答辩，并进一步针对方案中的问题进行分析讲解，分解和细化方案，将任务分解成独立的单元模块，明确每个单元模块的原理和输入输出关系，使学生深入理解方案的设计思路和方法。然后学生根据任务要求和指标对各模块进行电路设计和理论计算。② 电路仿真环节：学生理解了单元模块的工作原理和输入输出关系后，根据所学的知识设计电路，并在 Multisim 软件上对电路进行仿真，验证电路设计的正确性。这个环节能够充分调动学生的主观能动性，利用所学的知识结合

工程应用，解决实际问题。③ 电路板焊接环节：这个环节在仿真环节全部完成后进行，主要培训学生的焊接能力。焊接前，指导教师给学生讲解不同封装类型器件的焊接方法和焊接过程中的注意事项，强调弱电使用安全规范。指导教师发给学生已经制作好的印刷线路板(PCB)，学生根据印刷线路板的原理图进行焊接，PCB板上的各个单元模块都是独立的。④ 电路调试环节：这个环节主要训练学生独立思考问题和解决问题的能力。所涉及的综合性实验包括模拟电路部分和数字电路部分，学生在完成焊接后，对各个单元模块电路进行调试，使每个单元模块的输出与理论计算相符。⑤ 书写实习报告：学生在完成作品的验收后，需要书写实习报告，本环节主要培养学生规范书写设计报告，要求对实习过程中遇到的问题进行分析和总结，能够对输出结果进行误差、动态范围以及线性度等相关指标的分析，并对实习的各个环节提出意见和建议，使指导教师能够通过该反馈机制不断地完善实习流程和教学方法。

建立科学完善的考评体系。电工电子实习成绩是对学生实习情况的全面评价，因此必须建立科学客观的考评机制，客观、真实地评价学生的实习效果。实习结束后，由指导教师根据学生实习出勤情况、作品验收情况、考试成绩以及实习报告四个部分评定实习成绩，其中出勤情况占10%，作品验收情况占30%，考试成绩占20%，实习报告占40%。作品验收主要包括学生方案设计验收、仿真结果验收、焊接验收以及电路板性能测试验收四个部分，通过分环节验收可以有效地对学生的实习进行过程监管。

电工电子实习的改革在学校自动化专业已经实施了三年，从教学效果来看，电工电子实习改革是行之有效的。很大程度上提高了电工电子实习的质量，本科生通过电工电子实习，经历了自顶而下设计过程，由于学生完全参与了设计到实践的环节，所以大大地激发了学生自主学习的热情，同时强化了学生的系统工程意识，为后续课程的学习以及实际工程设计奠定了良好的基础。电工电子实习教学环节的改革与完善是一项长期的任务，虽然在学校自动化专业的教学实践中取得了较好的教学效果，但是依旧需要不断地加强和完善，以满足不断发展的现代教育的要求。

第六节　兴趣驱动的电工电子教学模式

通过把电子技术课程和机械类专业相关知识点合理结合，采用多种教学方法，将网络媒体与教学实践相结合，灵活运用各种措施，有计划、有目的地激发机械类学生的学习兴趣，使学生变被动学习为主动学习，不仅学习知识，而且掌握自主学习知识的能力，并在此基础上培养学生的自主实践和创新能力。

电工技术和"电子技术"是非电类专业的重要的技术基础课程，该课程训练学生基本的分析问题和解决问题的能力,为学习后续课程、从事相关的工程技术工作打下理论与实践的坚实基础。目前本课程面向材料、机械、冶金与生态、土地与环境4个学院开设,每学期近50个班,学生的覆盖面非常广。电子信息技术的复杂多样化,电工技术和电子技术课程传统的教学模式已经不能提高学生的兴趣,吸引学生自主学习。

一、电工技术和电子技术课程教学模式的问题

学生积极性不高。在现有的教学模式下,部分学生对电工技术和电子技术课程的重要性认识不足,学习积极性不高,认为这门课程是"副课",是和本专业无关的知识,或者课程"用处"不大。现在的学生思想活跃,兴趣爱好广泛,有些学生认为与其学习电工电子技术不如花时间去考计算机等级证、考驾照、去广泛社交等等。他们上课时精力不集中,睡觉或者看其他书籍,甚至干脆不来上课。

课程内容和专业结合不密切。尽管科学技术的快速发展使非电类专业与电子技术出现了越来越多的交叉、渗透和融合,但是目前的电子课程内容并没有充分反映出电工电子技术在非电类专业中的应用,现有课程只重视内容的系统化、完整化,忽视课程中实际应用的问题比较突出。

网络资源没有得到有效利用。虽然网络公开课和慕课都在致力于改革传统课堂教学理念和教学方法,但是网络公开课或慕课也存在一些问题:相类似电工电子技术的课程很多,学生不知道学习哪个学校的课程,老师不知道学生在干什么,不能起到以学生为中心,正确引导学生学习,提高学习电学知识的兴趣和积极性的作用。学生在上网的过程中,找不到合适的资源,转做其他的事情,浪费大量时间。

教学方法和手段不丰富。教师只是使用PPT和板书教学,学生提早打印课件内容,习题讲解和解题过程都一览无余,既对学生没有足够的吸引力,又不能增强学生主动学习、主动思考的能力。按照传统的方法上课,没有办法激发学生学习的热情,获得好的教学效果。

如何调动学生的兴趣和积极性,以学生为中心、以教师为主导,如何采用兴趣驱动法培养学生自主学习的能力是电工电子技术教学中面临的重要问题。以机械类专业学生为对象,将以教师为中心的知识灌输为主的教学模式转变为以学生为中心、教师引导为主的兴趣驱动的教学模式。

二、兴趣驱动的电工电子教学模式改革措施

提炼教学内容中的兴趣点。① 从"绪论"入手,引起学生的兴趣。在绪论中介绍电工电子技术的历史发展与现状,完成电子技术课程整个知识体系的综述。在这个过程

中加入电工电子技术的发展对机械专业带来的革命性的转变，促进了机械行业的不断发展的内容。介绍起到关键性作用的历史人物，使学生感到学习电工电子技术非常有用。介绍机械类专业中与电工电子技术相关的后续课程，后续课程中将用到这门课程的哪些知识，引起学生对这门基础课程的兴趣和重视。例如，后续为期两周的"电子技术实习"，培养学生电工电子方面的工程意识和工程实践技能，这就是建立在电子技术课程的基础上的。计算机原理、自动控制等课程的学习，也是建立在电工电子技术的课程的基础上。② 机械相关电路实例，激发学生的兴趣。在学习过程当中，将功能背景和在机械中的应用相结合，通过系统高度介绍电路，激发学生的兴趣。通过实用电路的系统介绍—电路各部分功能分解—电路内部结构分析—各个器件的功能讲解，增强对学生从系统到个体，从应用到理论的思考方式的培养。例如，介绍电动机正反转电路的控制电路，就可以从工厂的实际机械设备引入，如机床作台的往返、刀升降的控制等。那么通过实用系统的介绍就可以引入电动机的正反转控制，电路的结构就可以分解成主电路和控制电路，然后主电路由刀闸开关，熔断器，交流接触器的主触点等到电动机，控制电路停止，启动。自锁触点和交流接触器的线圈等组成，然后根据每个器件的位置引入器件的功能，再介绍每个器件的结构，这样从实际出发到抽象的过程充分调动学生的兴趣和好奇心，使教学的质量大大地提高。

细化机械类专业，找准与电工电子的结合点。机械类专业包括机械工程及自动化、车辆工程、物流工程、工业工程四个专业。对机械类专业的再细化有利于找准各个专业和电子技术课程的结合点，在课件中加入详细背景下的应用实例，更容易把学生的兴趣激发出来。例如，机械工程及自动化专业，需要掌握机电系统的设计、制造、检测与控制等方面的专门知识，在介绍组合逻辑电路的设计时，以工厂车间的电动机控制为应用场景，学生的兴趣就会倍增。例如，车辆工程可以介绍、分析汽车点火系统的工作原理，模拟电路部分的实例，数字电路部分的实例，汽车电子遥控锁的电路设计。

多种教学手段激发学生兴趣。① 视频资源的有效利用，引起学生兴趣。对应课程中的知识点，对网络精品课程和MOOCs（大规模开放在线课程）视频进行精心筛选和剪辑，精选讲解电路工作原理和内部结构的Flash或视频动画，采用录屏软件制作仿真小实验等。使这些视频资源得到有效利用，进行微课程的课件制作，合理地利用到课上课下的教学中。结合微课课件采用启发式和讨论式教学，引入翻转课堂的思想，激发出学生的求知欲，调动学生的发散思维，加深对理论知识的了解和掌握。例如，继电器控制系统中，采用微课课件，由学生自主学习组合开关的工作原理，首先介绍组合开关在实际中的应用，然后演示组合开关的内部结构，再深入分析组合开关的工作原理，利用课下时间，学生对器件从感性认识上升到理性认识，不由自主地被吸引到相应的内容上。如在讲授三相异步电动机的工作原理时，通过多媒体课件可将三相绕组中的电流变化,旋转磁场的产生过程形象地展示出来,可通过模拟方法完成整个电动机的工作过程,这样不仅将抽象的东西形象化了,还能有效地提高学生学习的主动性、积极性。② 教学和实际结合,提高学生兴趣。通过器件实物和教学教具的使用,使学生对这些器件的内部结构、参数性能产生感性认识。增加课前市场调研、课后思考题、与机械相关扩展知识阅读,部分内容拟以课堂讨论形式开展。在学习电子技术的时候,可以让学生通过网络和实体店亲自购买面包板和芯片,学习实践中器件的分类和挑选。这有助于学生对这些器件的内部结构、参数性能产生感性认识,学习时就不会对抽象的参数感到枯燥。例如,在学习电容的书本知识时,学生只知道电容值是多少法拉,但是实际购买、使用电容时不仅要考虑是电容的电容值,还要考虑是有极性还是无极性,由哪种材质构成,耐压值等实际的参数。不仅能引起学生的好奇心,还能从实践中体会到器件各个参数真正的含义。③ 在教学中引入仿真软件,激发学生的兴趣。由于大部分学生对电路的接触较少,为增加学生的感性认识,在教学过程中有目标地引入各种电路的仿真,使学生能够直观地看到电子线路的构成,各种测量仪表的使用,学习从电子仿真电路图转化成原理图,总结相关方法和原理等内容,激发学生兴趣的同时增强学生自主总结问题、分析问题的能力。④ 利用网络资源,激发学生兴趣。网络的无处不在和移动网络设备(智能手机、平板、便携本等)的出现和普及使学生们基本离不开这些设备。为了把学生从用这些设备做其他事情吸引到课程上,须充分利用现有的网络资源,把课程的相关内容先后放置到网络上。内容包括课程简介、与机械类相关的各种资料、精选视频、课件与教案、自学指导书、授课大纲及考核大纲、习题、讨论题、往届考题等。例如,有些学生在上课时使用 iPad 或者手机直接看动画版的教学课件,这样就把学生从用移动网络设备做其他事情直接拉回到课程上,极大地提高了学生的学习兴趣和教学质量。

利用实验激发学生兴趣。① 自主式实验,提高学生兴趣。在验证性实验的基础上增加综合性实验和设计性实验的个数和类型,允许学生自主选择实验,充分调动起学生学习的积极性和参与性,允许学生自由选组,2～4人一组集体完成一个项目并撰写出总结报告。学生自主分组,查找感兴趣的选题,设计仿真实验,进行硬件连接调试,写实验报告。在这个过程中,让他们积极主动地参与和了解一个实用的工程应用问题、思考解决方案并总结。学生的动手能力和自我学习能力以及分析解决问题的能力在这个教学中得到了锻炼。通过完全开放和自主实验等手段,提高学生发现问题、提出问题、独立分析、解决问题以及动手实践的能力,激发学生的学习兴趣,培养创新意识和科学精神。② 利用 myDAQ(数据采集设备),提高学生兴趣。myDAQ 数据采集套件体积仅巴掌大小,包括电源和各种测量仪表,通过与计算机连接即可实现对实际电路的测试,使用方便,是学生在课外进行电路设计、自主实践的得力工具,为学生自主探索学习提供一个良好的实践平台。myDAQ套件便于学生自主操作，激发学生的学习兴趣——自己动手设计，实现理论到实践的过渡，可大大拓展学生的学习和实验空间，对学生的兴趣和积极性都起到了促进作用。

改变考核体系，提高学生兴趣，充分考虑学习过程。综合考虑学生平时的表现以及学习态度，在期末考试的成绩中予以反映，这样极大地提高了学生平时学习的兴趣和积极性。平时学习可以结合报告、答辩以及综合设计仿真等多方面考核，使学生充分发挥平时学习的积极性，而不是仅仅依靠突击最终考试和照抄固定答案而得到高成绩，打击平时学习的学生的积极性。例如，课程报告可以是各种类型的，包括了应用仿真软件设计性或验证性电路仿真，课程相关哲学内涵的探讨，课程知识点归类总结，综述电工学在机械方面的最新应用等。充分调动学生的学习热情和积极性，充分发挥自己的各方面能力，而不是仅仅靠最终试卷和平时固定答案的作业来定分数。

电工学是工科非电类专业的重要课程，目前正面临着知识更新和教学改革的紧迫任务。结合电工电子技术课程实践性强的特点，把兴趣驱动的电工电子教学模式的改革和实践应用到机械类相关专业。从实践效果看，机械类相关专业的本科生的学习兴趣浓厚，课堂气氛热烈，学生的调查显示学习兴趣度比其他专业的学生要高。这些教学措施的应用与教学模式的改革对促进电工电子技术的教学工作、提高教学质量、培养人才具有重要意义。

把兴趣驱动的电工电子教学模式的改革和实践在机械类相关专业中取得的经验和成果进行推广，应用到材料、冶金与生态、土地与环境等各个专业的电工电子技术课程的学习中。充分激发学生的学习兴趣，培养学生自主学习的能力，提高电工电子技术课程的教学质量。

第七节　电工电子实习中创新教学模式

为适应人工智能和大数据时代行业升级与变革的要求，高校的电工电子实习教学在内容和形式方面都应该做出相应的调整和改变。经过近一年时间的探索和实践，证明以编程训练环节作为电工电子实习的优化内容对学生的创新思维的培养和综合能力的提高有很大帮助。

一、电工电子实习教学模式改革的背景

近几年来，随着大数据、云计算的普及，尤其是深度学习技术的重大突破，人工智能的发展已成为大势所趋，未来所有行业都将随着人工智能的普及而升级与变革，对

未来的人才提出了新的要求。为适应人工智能和大数据时代行业升级与变革的要求，高校的电工电子实习教学无论是在内容还是在形式方面都应该做出相应的调整和改变。然而，目前大多数学校对学生在电工电子实习方面的培养目标和要求没有与当前科技发展和社会需求相结合，也没有与工厂生产和具体实践相结合。通常在企业只需要很短时间就能熟练掌握的知识技能，学生在学校学习两三年还不能熟悉掌握。当然，出现这种情况既与各高校的办学定位与培养目标有关，也和具体的电工电子实习的教学内容与方式有关。

二、电工电子实习中存在的问题和教学改革的必要性

目前，学校电工电子实习教学存在如下四个问题：① 电工电子实习在学校教学计划中作为实践环节所占比重轻，没有得到应有的重视。一、二年级学生的选修、辅修课过多，占用了学生大量自由支配的学习时间，而学校各专业在教学计划设置时，电工电子实习的实践课时多则三周，少则一周。由此可见，电工电子实习变成了要求很低地认知实习。② 实践内容单一，实践与专业技能脱轨。由于对电工电子实习的实践内容重视不够，对于不同专业（电类、非电类）的学生，往往都进行统一的实习内容，如焊接训练、收音机的制作、直流稳压电源的制作等，导致实践内容单一，再加上时间紧迫，学生完成电工电子实习后只是取得了应有的学分，而在专业技能上收效甚微。③ 教学方式单一，教学与学生兴趣脱轨。学生在完成电工电子实习这个环节后又会回到每周繁忙的课堂学习中，而这个环节因为时间设置短，学生学习紧张导致教学方式单一，没有能够引起学生浓厚的兴趣，致使教学内容与学生兴趣严重脱节。④ 实践内容与培养学生的创新思维能力脱轨。《中国制造 2025》中提出：坚持"创新驱动、人才为本"的方针。在外国，六岁的孩子就开始接触编程知识，而在我国由于各种条件的限制和人才选拔方式的局限性，大部分学生在上大学后才接触计算机编程。而让学生通过在实习阶段更早地接触计算思维，再配合理论教学，无疑对学生的创新思维能力的培养更有帮助。目前，人工智能技术已在各行业得到应用，而是否具有创新思维能力毫无疑问是各行业对所需人才的首选要求，大学生缺乏创新思维能力，也不利于他们毕业后顺利融入充满竞争与挑战的社会。

综上所述，无论是从教学内容还是教学形式来看，在电工电子实习中迫切需要研究一种创新的教学模式。而这种创新的教学模式有利于提高学生的专业技能水平、增强学生的综合能力（包括思维能力、动手能力和创新能力）和把理论教学与具体实践相结合。

三、创新教学模式是对电工电子实验实习内容的完善和优化

由于很多专业（尤其是工科）都有涉及电工电子技术方面的学习内容，但每个专业对电工电子实习方面的要求又不完全相同，这样电工电子实习的内容和形式的设计应该既适应现在学生专业学习的特点，又要充分考虑学生创新意识和综合素质培养的需要。但是电工电子实习这个环节又与整个专业的教学体系密不可分，所以应该从系统的角度，针对电工电子实习内容中目前存在的问题，来对电工电子实习的创新教学模式进行探索性研究。

（1）以专业教学内容为基础的实验环节。各专业教学实验内容包括基本类型实验、设计类型实验和综合类型实验，通过基本实验和在综合实验中自己动手设计安装调试一个实际的系统，学生掌握了仪器仪表的实际操作，提高了实验数据的整理分析能力、实验报告的总结书写能力，培养学生利用所学理论知识来综合分析问题和独立解决具体问题的能力，提高学生对整体工艺开发过程的熟悉程度。学生在这个环节按照各专业的教学安排，根据基础课和专业课来完成相应的各个课程实验。

（2）以 Arduino（开源电子原型平台）控制器为平台的编程训练环节优化电工电子实习的内容。为什么要选用 Arduino 控制器作为硬件平台呢？Arduino 无论是硬件还是软件都是开源的，所有人都可以查看和下载其源码、图表和设计等资源用来做开发，因其开源、廉价、简单易懂的特性受到广大电子爱好者的喜爱和推崇，即使不懂编程的人只要通过编程训练也能在这个平台做出炫酷有趣的东西，如对感测器探测做出回应、流水灯、控制马达等。编程的本质是思考，低年级学生较早接触计算机编程，培养低年级大学生的计算思维，通过编程训练对培养学生的创新思维能力有很大的帮助。通过这个环节的训练与学习，可以使学生达到计算思维与实践操作的结合，它能拓展思维、学习利用计算机程序来描述、分析问题，但这并不是要学生以后都从事计算机编程工作，这是在各专业正常的教学内容完成后为优化电工电子实习内容而设置的。由于学生在完成电工电子实习这个实践环节后进入各自的专业课学习，所以编程训练环节须利用业余的空闲时间而且要持续进行，在时间安排上可以利用每周的空闲时间。学生来源也可以是多方面的，比如在实习过程中带班老师会发现有些学生动手能力强，有些学生什么都不会，但他对电子制作很感兴趣等。当然，这个环节需要学校提供一定的资金购买训练所需要的器材，在时间和教学人员的安排上需要做合理的统筹。

（3）以各学科竞赛为平台的实践环节。现在各级综合性的学科竞赛很多，有各高校举办的，也有国家级的电子设计大赛、智能车机器人大赛、嵌入式大赛、大学生创新创业训练等等。通过前两个环节的学习与训练，学生已经掌握了基本的理论知识和实践技能，并且具备了基础的编程知识和逻辑思维能力，可以积极组织学生参与各级学科竞

赛，这既能提高学生的学习热情，即使是他们之前没有接触到的领域，也能促进学生进一步探索，激发他们的学习动力。

四、创新教学模式取得的效果

通过优化电工电子实习内容，对电子制作感兴趣的学生能充分利用自己的业余时间，通过边学习边制作，提高自主学习相关知识的能力和动手能力。通过参加各学科竞赛实践环节的锻炼，使学生汲取电子及电气、机械、自动控制、传感技术、计算机等不同学科的专业知识，能够进一步提高学生掌握各学科知识的理论深度，又提高了学生在实践活动中发现问题、分析问题和解决问题的能力。

经过近一年的实践探索，本研究对目前电工电子实习教学体系提出了有益的改革措施，既有利于改革现行的教学内容和教学形式，又能引起学生浓厚的求知欲望。在实践过程中，配合专业教学和完备的课程体系，既锻炼了学生的动手能力，又培养了学生的综合知识的运用能力、基本工程实践能力和创新意识，激发出了大学生从事科学研究与探索的兴趣和潜能，有利于学生后续的学习能力的提升和就业，最终满足高校对学生完备人才培养计划的实现。

第八节　"雨课堂"电工电子技术教学模式

"雨课堂"作为一种新型智慧教学工具，依托互联网技术优势使教师与学生可以直接通过移动终端设备完成"课前、课上、课后"三个阶段的便捷式学习，充分发挥出了互联网技术的自由性、便捷性以及紧密性，促进教育高质量发展。通过阐述"雨课堂"教育工具的技术优势特征，以及电工电子技术课程内容特点，探索两者在教学运用过程中的全新模式。通过这一工具在教育途经的应用可有效促进学生参与，实现互动学习，解决电工电子技术教育过程中的课时紧、实践难等问题。

"十二五"期间，在"科教兴国"背景下，教育部发布的《基础教育课程改革纲要（试行）》《国家中长期教育改革和发展规划纲要（2010—2020年）》，共同提出"改变课程结构缺乏整合性和课程内容过于注重书本知识现状。加强课程内容与学生生活和现代科技发展的关联，关注学生学习兴趣和经验，培养适应国家和社会发展需要人才"目标。

进入"十三五"后，随着"科技创新"发展转变，我国经济、产业、科技等领域出现结构调整等重大变革，确立《"十三五"国家战略性新兴产业发展规划》等一些列世界前沿技术领域发展战略计划，如何更好地促进国家战略计划的实施，保障国家"'十三五'改革创新发展"最终目标的实现，已经成为党中央、国务院最关心的领域。通过总结世界强国发展历程,国家高效发展离不开人才的培养,教育作为人才培养、储备的最直接有效的途径,是保障国家发展的重要环节,也是国家竞争力的核心组成。因此,教育发展改革是实现我国当前一切发展的前提基础。在这个背景下,基于互联网形成的新型教育模式成为我国教育发展的重大机遇与挑战,"雨课堂"作为当前教育领域的新工具,依托网络的自由性、便捷性实现更为积极的师生互动,促进学生在课前、课上、课后的参与度,是当下较为有效的教育模式探索。

一、"雨课堂"特征及实践现状

2016年,一种基于互联网技术的全新教育工具"雨课堂"由清华大学在线教育办公室组织研发成功,该平台是一种"新型智慧教学解决方案"。其主要特点是基于网络的快捷性,利用互联网,通过移动终端为教师在教育过程中提供数据化、智能化的教学资料,为学生在课前预习、课堂学习、课后复习提供与考试实时沟通的渠道,实现以学生为主体,学生充分参与、师生高效互动的线上线下和课内课外的混合式教学模式。

"雨课堂"的出现优化了我国教育教学方式,提升了课堂教学体验,获得了较好的实践评价。目前该系统已在国内外多所高校使用,凭借其互动性强、操作简单、反馈及时、个性化定制等优点,被应用于多种具有较强实践需求的理工类课程。

二、电工电子技术课程特点分析

根据教育部第3版《工业和信息化高职高专"十二五"规划》,电工电子技术学科作为工程技术领域的专业学科,具有专业知识性强、注重实践的特点,目前我国电工电子技术主要分为电工技术基础和电子技术基础两大部分。其中,电工技术领域主要包括电路分析部分、磁路变压器和电机及其控制电路部分;电子技术领域包括半导体基础知识、共射放大电路、共集电极放大电路、功率放大器、差分放大电路等基本电路,集成电路的线性和非线性应用,组合逻辑电路、时序逻辑电路。

(一)电工电子技术课程特性

电工电子技术是针对高职高专、高级技工学校等技术类学校设立的专业性课程,是一门理论结合实践的课程。理论方面,电工课程涉及电路、磁路、电子等诸多物理电学知识;电子领域强调半导体领域知识。与此同时,该课程因为较强的实践性需要结合大量的实践课程加以佐证,并且在相关部分需要融合学生的设计思维。

(二)电工电子技术专业学习环境

鉴于电工电子技术课程的专业性,应用的广泛性,教育的实践性,该课程在教学中需要三大教学环境。第一,鉴于该专业的理论深度,需要大量的课程时间保障教师对专业理论知识进行阐述，实现"教"的内涵。第二，该专业适用于广泛的工业、制造业，具有较强的应用性，这既是学科特征也是对学生的重要考核标准。因此，充分调动学生学习的积极性，与教师形成高效的教学互动，加强教育连贯是这一学科的必备学习要素，体现"学"的内涵。第三，电工电子技术作为一门实践性强的学科，在理论基础之上通过激发学生的思维和积累经验达到创新实践，是这一课程的主要目的。因此，该专业必须具备较强的动手实践内容，保障学生能将知识运用于实践当中，在牢牢掌握知识的同时，不断积累经验，以应对生产中出现的问题。

三、基于"雨课堂"在电工电子技术专业的实践

"雨课堂"依托互联网，可形成"课前—课上—课后"三个阶段的学习辅助，根据每个阶段的目的，制定相关学习任务，达到独立和统合的学习目标及效果，该模式可引申为线上线下、课内课外的混合式教学理念。

（一）"雨课堂"三阶段设计

① 课前。电工电子技术庞杂的理论知识体系，使传统教育过程中教师在教材编写上需要耗费极大的心力，其主要原因就是要在有限的时间内完成大量的理论知识讲述，导致问题讲得太深，学生无法领悟，老师教学进度断链；讲得浅则无法完成核心知识传播，学生无法掌握关键知识。以上问题本应通过课前预习、课后练习进行弥补，但受到教学条件的限制往往无法实现。在"雨课堂"教育辅助作用下，教师可在课前环节，针对基础教育内容进行设计优化，将教育内容形成重点体系，并按照深入浅出的教育哲理形成课前、课中、课下三级划分，根据内容形成任务清单，完成重点知识体系的知识点资料包，包含课件、习题、试卷、课程视频或习题讲解视频等；在课前阶段，通过"雨课堂"下发学习任务清单及重点预习资料，实现学生打卡学习，学生通过预先了解学习任务、学习内容、资料等完成自主学习，达到知识体系初步了解内化，促进下一环节教师课堂教育效果。为提高学生积极性，教师可适当设立监督机制。例如，根据学生课前学习任务完成的打卡数据（预习完成情况、观看情况、预习时长、预习题的完成情况等），形成信息反馈，了解学生的课前学习状况。

② 课上。教师可根据此前电工电子技术重点知识体系的构建，针对课前阶段形成的任务清单，开启任务验收及回顾。在"雨课堂"反馈体系的帮助下，对于学生预习期间出现的主要重点和难点，在课堂上进行精讲及拓展，根据学生学习效果进行专业知识实践教育，完成课堂教育任务。这一阶段"雨课堂"的作用将着重体现于"师生互动"方面，教师可以在课堂阶段设置"学习心得"（学习理解）、"专业知识学习程度"（理解、不理解）等栏目，达到师生充分沟通、充分互动的目标。课堂教学过程中，教师还可以

通过"雨课堂"完成学生课堂专业知识点学习的数据搜集，为后期教程调整和改善提供支撑与保障。

③ 课后。课后练习作为"雨课堂"的第三阶段，以习题、课后问题解答为主。教师通过学生在课前和课中两个阶段的学习范围针对性地布置知识点练习内容，也可以统一布置相关习题。学生通过"雨课堂"推送的教学资料和作业完成知识点的强化，对不同或者不了解的内容可以进行实时沟通。这一阶段充分体现了"雨课堂"个性化学习定制，以及实时、共同的作用及功能。教师通过学生课下的数据反馈，可全面了解学生掌握知识的情况，促进教学总结与评价。

（二）"雨课堂"教学模式的优势

① 高效互动。"双通道教学"是指在移动互联网和智能终端设备的支持下，通过信息技术手段在教学过程中建立起"同步"和"异步"两条师生交流通道。"同步教学"是指在教学活动中，师生在同一时间参与并完成同一个教学行为；"异步教学"是指在教学活动中，不必要求师生同时参与，而允许课堂参与者根据自身的特点，合理地安排时间开展教学行为。"雨课堂"依托互联网完成跨时空限制的授课，实现师生"双通道教学"，更利于促进电工电子技术课程的基础知识讲解，知识体系"同步"，提升教学质量。

② 数据支撑。"雨课堂"覆盖教学过程中课前、课上、课后三个阶段，完成学生在某一知识学习过程的全程跟踪，完整记录学生对知识从接触到掌握的全过程所衍生的数据，对后续形成教育体系，个人定制教育模式起到支撑作用，保障教学方案的科学性。

基于互联网技术的"雨课堂"可实现新教育中的简单操作，其功能丰富、师生互动等有诸多优势，使之成为高校教学过程中的经典案例。同时基于"雨课堂"形成的教育形式基本达到了线上线下、课内课外的混合式教学目的，从而有效提升了学生的学习效果，获得了显著的成效。这种教育模式主要通过微信等移动终端网络软件进行，贴合民众，不仅可以将手机作为学习工具，同时还凸显了学生的主动性，提高学生在课程学习中的积极参与程度，调动了学生学习的积极性。在大数据时代，该教育模式能根据学生学习过程形成一系列个人学习数据，而这些数据将有助于为学生个人定制个性化教育模式，促进学生个人学习成绩的提升。

第七章　基于新课改的电工电子教学中学生能力的培养

第一节　电工电子教学中学生实践技能的培养

在当今信息技术越来越发达的形势下，我国各个领域都在向装备现代化的方向发展。这就使得人才市场对具有电工电子实践技能较强的专业型技术人才需求加大。因此，各个院校在发展学生核心素养的过程中就得更加重视电工电子实践技能的培养。本节分析电工电子实践技能的具体能力要求，提出相应的应对策略。

在我国的军事武器装备中，电工电子技术占据着核心地位。近些年来，随着社会各个阶层、各个领域在装备方面的现代化的进程逐渐加快，因此如何建立起科学合理、全方位的电工电子实践教学体系对于装备现代化发展具有重要意义。各个教育部门和教师在进行电工电子实践技能培训的过程中，要以企业的电工电子实践技能要求为指导，结合实际情况制订出合理的人才培养方案。而且由于各个学生的实际学习情况存在差异，教师在教学过程中要因材施教，对不同的学生提出不同的技能要求，建立层次化的课程体系、实践体系和教学管理体系。

一、电工电子实践技能培养体系的建设思路

在进行电工电子实践技能培训的过程中，教师要始终贯彻国家和当地教育发展规划的纲要和制度，积极响应教育部提出的相应文件精神，将相关制度和政策落到实处。学校在发展和规划电工电子实践教育体系的过程中，要始终遵循"宽口径、厚基础、重能力、求创新"的基本原则。鉴于当下新课程改革的大趋势，学校还要对实践教学体系的建设和配套实验教学模式进行现代化改革，突出对学生工程实践能力和创新创业能力的培养。

二、电工电子实践技能的能力要素分析

（一）能够熟练操作

电工电子技术实践技能的培养中，最基础的要求是学生可以熟练操作相关设备，掌握基本的实践技能。

（二）能够维修装备

在进行电工电子实践时，难免会出现由于其内部复杂的系统和恶劣的工作环境对设备造成损害，致使设备发生故障的情况。所以，对故障设备进行维修也就成为电工电子技术人员所必须完成的一项工作。

（三）能够根据实际需要设计硬件设备

虽然市面上已经出现了各种各样的电工电子设备，但是在实际操作过程中难免会出现设备不配对、不合理的情况；而且对于有些具有特殊功能的设备，其利用规模较小、实用性较强，这就需要技术人员提出具体的设备要求，甚至亲自设计。因此，学校在进行电工电子实践型人才培养的过程中，要尤其注重培养具备硬件设计能力的应用型人才。

（四）能够设计应用软件

目前市面上的大多数现代化装备都配备有较全面、较系统、较复杂的软件，技术人员在实际操作过程中要想熟练、精确地掌握这些装备的使用技巧，就需要具备一定的软件知识。

（五）能够编写科技文档

在电工电子实践技术发展的过程中，会涉及对装备的计量、检验、测试以及对装备的升级改造等，这些工作都需要编写相应的科技文档，这就需要技术人员具备较高的科技文档撰写技能。

三、电工电子实践技能培养的教学体系建设与实践

（一）基础层

基础层环节以培养学生的电工电子实验基本素养技能为目的，在此过程中由教师对课程内容进行系统化的梳理分层，提炼出重点内容。例如，关于"基本仪器仪表使用""电子系统制作""各类工具的使用"等方面的知识，虽然简单易懂，却是电工电子实践技术中的基础，至关重要。学生要对其进行反复的练习，做到精确、熟练地掌握相

关知识点，为未来的深层次学习夯实基础。

教师可以根据电工电子实践的这些特点，在课程中采用"视频教学＋鼓励实践＋自主探讨"的教学方式，帮助学生快速、有效地掌握电工电子实践的基础知识和基本技能。在此需要注意的是，课堂上的视频教学内容需要教师根据本校的实际情况、和学生的实际学情进行录制，语言精简，争取花费最短的时间传达出最明确的实践示范。而且每个视频最好不要超过 10 分钟，以便学生可以利用课余的琐碎时间进行学习。教师须要求学生在课前对本节课程完成预习，完成相应的预习习题，方可进行实际操作。

（二）拓展层

拓展层分为两个单元模块，分别是训练环节和综合系统训练环节。第一，训练环节的主要目的是培养学生对于单元电路的认识和制作能力，可以准确地排查电路中的故障。此环节的主要内容是教师制定方向，要求学生在一定的时间内完成制作，最后以考试的方式进行考核。第二，综合系统训练是为了提升学生对电工电子实践技术的综合掌握能力，从多方面入手提高学生的综合实践能力。其中包括学生对现代电子系统的设计能力、对系统进行综合调试的能力、学生之间团队协作自主学习的能力。本环节相比于普通训练环节而言，难度更大，跨越度更宽、涉及面更广，旨在以综合性的实践项目引导学生完成从方案设计到系统调试的整个电工电子系统开发环节。

（三）创新层

创新层是在学生熟练掌握电工电子技术、可以对某些综合性较强的项目进行较好设计的基础上，对项目计划进行改进、创新的环节。此环节的目的主要是培养学生的创新能力和工程实践能力，为某些专业性较强的学生参加学科竞赛做准备，是提高学生自主学习能力、激发其创新意识的有效途径。学校应该设立专门的创新实验中心，配备多方位的设备技术和技术指导，以便即将参加竞赛和大学生创新项目的学生进行项目实践。除此之外，此中心还需要承担本校电工电子类学科竞赛的培训工作，要具有超高的团队素养，形成有经验的教师教练团队。中心还可以与校外一些知名企业建立起合作关系，吸引资金投入，对实验室的设备和技术不断进行优化；定期邀请经验丰富的电工电子工程师开展专题讲座，为学生提供最新的市场发展趋势。

电工电子技术对于我国的社会发展而言具有重要意义，各学校在教学过程中要不断对教学体系进行优化，注重对学生科学实践能力的培养。对于实践技术和设备也要不断地进行改良优化，引进新技术、新思想，在锻炼学生自主研学的基础上，培养学生的实践操作能力。

第二节　电工电子教学中专业工匠精神的培养

十九大报告明确提出，"要建设一支知识型、技能型、创新型的劳动者大军，弘扬劳模精神和工匠精神，营造劳动光荣的社会风尚和精益求精的敬业风气"。学校是人才成长的摇篮，其在教学过程中大力弘扬工匠精神不仅是人才成长的需要，也是当前社会主义核心价值观的内涵体现。电工电子专业的学生是社会建设过程中的重要力量，其人才培养目标以及培养质量也直接关系到社会生产力的发展。基于此，本节对基于工匠精神培养的电工电子专业教学路径进行具体分析。

工匠是指从事手工劳作的工人。工匠精神是工人在长期岗位工作中形成的对岗位技能的更高要求，对岗位的热爱、对高质量不断追求的态度。在电工电子专业领域培养工匠精神也是为《中国制造 2025》战略目标的实现培养一批具有精益求精、追求完美极致、对社会有强烈责任感的工匠，进一步实现我国经济的进一步发展，综合国力的进一步提升。

一、基于工匠精神培养的电工电子专业人才的培养要求

（一）电工电子专业技能人才需具有的职业素养

电工电子专业技能人才需具有的职业素养主要包括人文素养和技能素养两种，其中人文素养指的是人才本身所具备的思想道德修养以及科学文化知识的储备等；技能素养主要指的就是人才在工作岗位上所需要具备的职业道德和行为规范。当前，敬业、责任、严谨、细心等职业素养的具备是岗位的主要要求。

（二）电工电子专业人才需具有的职业能力

电工电子专业人才需具有的职业能力主要包括专业技能方面的掌握能力以及操作能力。因为电工电子专业的学生将来从事的行业大多需要掌握较高的专业知识以及熟练的操作手法，因此，教师应该在教学过程中重点培养学生对专业知识的掌握和操作能力，练就学生过硬的专业技术技能，才能够使学生在未来形成较强的职业能力。

二、基于工匠精神培养的电工电子专业教学路径

（一）让学生理解、认同工匠精神

工匠精神在校园的弘扬本质上是一种职业精神与文化的传承，是丰富校园文化的

重要途径。工匠精神要在教学中得到弘扬、渗透，首先教师应该让学生理解和认同工匠精神，引导学生养成对职业技能的追求和坚守。这样，他们才能在未来的工作生活中具备优秀的专业精神、职业态度、人文素养，并形成"干一行、爱一行、精一行"的优秀职业品质。因此，学校可以通过讲述相关专业能工巧匠的典型事迹来让学生了解工匠精神，让学生在先进事迹中学习他们坚定理想、敬业守信、精益求精的职业信念。同时，学校方面也可以聘请行业中的劳动模范开展讲座，以现代社会的真人真事来教育学生在学习过程中怎样形成自己的专业追求，使学生认同工匠精神，最终让学生把自己的精神寄托在对专业的奉献上，在学习生活中不断践行工匠精神。

（二）让工匠精神走进教材、走进课堂

课堂是学生学习知识的主要阵地，而教材是学生获取知识的重要载体。要想对学生产生潜移默化的影响，就必须让工匠精神走进教材、走进课堂，让学生在课堂学习过程中不断获取新的认识和发现，并以工匠精神塑造自我，进而在学习生活中养成良好的行为习惯。首先学校方面可以在电工电子专业的学生教材上加入工匠精神培养的相关内容，让学生系统性地学习工匠精神，认识到工匠精神的时代发展内涵；其次让工匠精神走进课堂，培养像工匠一样的教师，以教师为榜样，在教学过程中潜移默化地影响学生的思想品格，使其在教师、同学的影响下渐渐具备良好的专业技能以及职业能力，打造出像"工匠"一样的学生，实现工匠精神下的人才培养目标。

（三）加强校企合作，推动工匠精神教育

电工电子专业的学生除了在校学习专业理论知识以外，更重要的是提升自身的实践能力。因此，加强校企合作可以让学生在企业实习中实现自身职业知识、技能以及道德的进一步提升，毕业后也能够明确自身的职业选择方向，并以一名合格的准职业人角色进入职场中。学校方面可以加强与对口企业的联系，采用现代学徒制教育模式让学生进入企业的岗位中，体验企业实际的工作模式、工作方法，并学习企业中老员工的做事方法，真正领略企业体现出来的工匠精神。学生的实习过程以及实习结果等也需要学校方面建立完善的考评制度，并将学生的职业道德素养列为重要参照指标，以引起学生的重视，使其在实习生活中深刻践行工匠精神，并以此为导向完善自己的工作方法，形成良好的工作态度以及职业行为，为自己将来正式进入职场培养良好的职业品质。

综上所述，随着社会经济的不断发展，社会上人才的需求量也越来越大，对于电工电子专业的学生来说，其社会需求量较大，而具备优秀职业素养以及职业能力的人才更是匮乏。工匠精神的弘扬是新时代下人才培养的主要目标，是社会主义核心价值观的重要体现，只有在教学过程中不断弘扬工匠精神才能为当前的社会经济建设提供更多优秀的电子人才，继而实现我国制造强国的发展目标。

第三节　电工电子教学中的学员综合技能培养

电工电子专业是培养具备电子技术和电气技术的基础知识，能从事各类电子设备维护、制造和应用，电力生产和电气制造、维修的复合型技术人才的学科。电工电子技术教学内容涉及面较广，信息量比较大，电工和电子的各个领域都能够涉及，例如：电路、电机与变压器、电力拖动、数字电路、模拟电路等，均属于社会需求广泛的应用型学科，更是培养学生的实践能力、思维能力、创新能力等综合技能的最佳途径。作为教师，在教学中应该结合学科特点、学员情况、新课程标准要求，最大限度地培养和提升学员的综合技能。

随着新课改实施的不断深入，电工电子教学从学习型开始向技能型转化。尤其是"十二五"期间，经济全球化发展迅猛，须大力倡导创新教育，培养适合时代发展的应用型人才。这也就意味着教师在教学中应结合学员特点、新课改的要求，顺应时代发展的需求，来开展"以学员能力为中心"的教学活动，加强对学员综合技能的培养。电工电子学科内容涉及面广，是培养学员实践能力、创新能力、思维能力的最佳途径。在此，本人结合自己的教学经验，谈一下电工电子教学中学员综合技能的培养。

一、重视实验教学，在实验教学中提升学员的实践能力

电工电子教学中涉及的实验教学，比如：电路、模拟电路、数字电路、单片机等，都需要在实践中进行实验教学来使学员更直观、更清楚地了解其中的原理。从某种程度来讲，电工电子教学的实验性较强，对培养学员的实践能力有着特殊的作用和价值。教师可以结合学科的这个特点，构建开放性的实验教学，鼓励学员自己动手在"学中做，做中学"，锻炼学员的实践能力。本人在实践教学中，对于一些基本的电路实验，如模拟电路放大器，一般是让学员结合实验步骤、所需器材、设备来自主进行信息收集，设计实验方案，分析实验报告等，强化学员对电工电子基本技能的掌握，巩固理论知识，同时为学员提供锻炼自我的机会，有助于培养学生的实践能力。再比如，学习"晶体三极管的放大特性"教学内容时，首先出示问题，让学员自主思考，即发射极、集电极、基极上的三个电流是如何分配的？又如何变化？其次，让学员针对这两个问题，以小组为单位，讨论设计相关的电路连接、测量电流、三个电流的变化情况等实验方案；然后以小组为单位自己动手进行实验，鼓励学员大胆进行实验，培养学员的实践能力。这样，让学员拥有一定的自我空间进行实验，促使电工电子实验教学中以学员为主的教学模式

的形成。因此，加强实验教学，重视学员的动手训练，推动学员在潜移默化中提升自我的实践能力。

二、通过比喻教学，提升学员的思维能力

电工电子作为一门理论性与实践性均较强的学科，其理论知识呈现出抽象性的特征。比如，它所涉及的一些概念、定律、原理等可以通过实验来证明，但是一些抽象性的东西是无法直观地讲述出来的。这时候，教师一般会通过"比喻"来引导学员开拓思维，进行想象。这里所说的比喻是指结合电工电子教学内容中所涉及的抽象原理，以学员所熟悉的事物原理来讲解，这样就把抽象的事物具体化。可以说比喻在电工电子教学中有着树立直观形象的作用，同时对于启发学员的思维、拓宽学员的思路有着直接的价值。本人在教学中运用比喻教学来启发学员的思维能力，比如：在电工基础课中的电流的流向方向教学内容中，将"外电路中，电流只能从高电位流向低电位，在电源内部，电流从电源的负极流向电源的正极。"这个原理用水的流动性进行比喻，即：水都是从高处向低处流和电流只能从高电位向低电位流是一样的。然后，让学员展开讨论，如果想让水从低处向高处流需要怎么做？因为学员平时对水流非常熟悉，就会指出必须有抽水泵，通过水泵消耗一定的电能做功，使低处的水流流向高处。这样一来，就很容易理解电源内部的原理。通过比喻的方法不仅能够让学员更清楚地掌握知识，而且也有助于学员发散思维的培养，深化教学内容。

三、整合教学资源，促使学员创新能力的培养

电工电子作为内容丰富的实用型学科，其实践活动多种多样，内容更是涉及诸多学科的内容。新课程倡导教师在教学中要整合一切可以整合的资源，鉴于电工电子学科与其他学科关系的密切性，如物理学中的光学、声学、力学，化学中的离子、能量等知识，在教学中，教师可以挖掘、整合教学资源，开阔学员的视野、思路等，为学员创新能力的形成提供有利条件。最为明显的，电工电子与理工类学科有着很深的渊源，而人们评价理工类学科是创新能力的发源地。教师可以从物理、化学等理工类的基础学科出发，挖掘与电工电子相关的教学内容，并整合有效资源加以运用，延伸电工电子的教学范畴。比如：在讲授稳压电源的相关知识时，结合物理学科中的光学知识，让学员进行创新实践，即采购新型的电源，太阳能光伏电池，制作电压比较低的电源；或采购一些材料，自己动手做成干电池、简单的手摇发电机等。无论实践活动的结果如何，都启发了学员的创新意识，有助于学员创新能力的培养。总体来讲，实践能力、思维能力、创新能力是电工电子专业必不可少的技能，对学员全面发展有着推动性的作用。将电工电子教学内容从学习型转变为技能型，不仅仅是社会发展的需求，更是学员就业生存

的需求。因此，作为教师，应善于抓住教学契机，开展技能教学，培养学员的综合技能，为学员未来的发展奠定基础。

第四节　电工电子教学中学员创新思维能力的培养

从当前我国大专士官电工电子教学现状来看，对学员创新思维能力的培养成效偏低，其中仍然存在一系列缺陷和不足，严重制约教学成效的提升和学员创新思维能力的培养。本节主要就大专士官电工电子教学中学员创新思维能力培养问题来展开分析，结合实际情况，寻求合理的应对措施。

在当前教育事业蓬勃发展的背景下，培养学员的创新思维能力尤为关键，大力推行创新教育有助于培养学员的创新精神和创造能力，潜移默化中养成良好的创新能力，对于学员未来发展的影响较为深远。在实际教学活动开展中，学员的创新精神培养工作虽然取得了一定成效，但是其中仍然存在一系列问题，例如，创新思维能力培养观念陈旧，培养方法单一，教师的自身认知不全面，难以全身心投入到工作中。由此看来，加强学员创新思维能力的培养研究十分有必要，对于后续理论研究和实践工作的开展具有一定参考价值。

一、摒弃陈旧观念，为创新教育工作提供思想指导

创新教育主要以继承为主，注重培养学员的创新精神和创新能力，以促使学员的综合素质全面发展为主要目的，真正地将以学员为本的教育理念融入其中。在电工电子教学中，应该注重对教学理念的创新和完善，摒弃陈旧的教育思想观念。教师应该明确自身的职责所在，创新和完善教学思想，突出学员在课堂中的主体地位，为学员创设良好的学习环境，充分调动学员的学习兴趣，使学员积极主动地参与其中，引导学员自主学习，主动探索和交流，在教师的帮助下养成良好的创新思维意识和自主学习习惯。学员在自学中，教师需要注重对学员探索精神的激发，强调学员须以饱满的创新精神去开展学习活动，能够不受教材内容的束缚，坚持独立思考，有针对性地养成发现问题、分析问题和解决问题的能力。教学中不能将学员当作强制灌输知识的容器，更不能控制学员按照自己的教学计划学习，尽量培养学员依靠自己的能力解决学习中的问题，真正将自主学习权交给学员，让学员成为学习的主人。给予学员自由学习的空间，满足学员个性化学习的需要，创新学习思维，获得良好的教学成效。教师只有在观念上得到转变和创新，才能有效转变教学方法，与时俱进，为新时期的专业型人才培养做出更大的贡献。

二、鼓励质疑，培养学员的创新精神

学习是一个不断探索和发现的过程，只有存在疑问，才有探究和学习的动力，这样才会赋予学习创造性。但是，提出一个问题要远比解决一个问题难得多，因为解决问题只需要通过整合自身所学知识，寻求合理的解题技巧即可，而提出问题是创新思维活动的起源。没有新的问题，就没有创新思维活动，更不用说培养足够的创新思维能力。诸如，在讲述整流电路中，结合教学需要讲解电路中电流和电压之间的关系，然后讲解电路中的伏安特性。通过提出疑问来加深学员的疑惑，使其产生探索和学习的兴趣，这样他们才能积极主动地参与其中，探究桥式整流电路和半波整流电路结构，对比分析各自的优势和缺陷。在课下根据所学到的知识进行实践，在实践中激发创造力，大胆投入到自己的发明创造中。

三、结合实际生活，形成创新动机

学员在实际学习活动开展过程中，只有具备足够的创新动机，才能够长久地维持学员的探究和学习兴趣，从而朝着既定目标努力。可以说，创新动机、创新目的和创新效果之间是密切联系的，尤其是在电工电子教学中，作为一门同实际生活联系较为密切的学科，教学内容中涉及生活的方方面面。知识来源于生活，最终也要回归到生活，电工电子教学不应该仅仅局限在课堂的理论知识讲述中，更应该引导学员利用自身所学知识解决实际生活中的问题，加强理论知识和实践的整合，加深对知识的理解和记忆，才能够有效提升学员的知识运用能力。例如，在电工电子教学中，要求学生设计一个楼梯的照明电路，需要在设计中融入节能、便捷的设计概念。这一实践活动是非常实际的，通过激发学员的学习兴趣，使其积极参与其中，积极讨论和交流，在思维碰撞中产生新的火花。有的学员认为应该采用双出开关，有的则认为应该采用闸刀双掷双控，这两种设计理念都能够有效满足设计要求。开关设计中，科学、合理、可靠固然重要，但是还要结合实际生活中的节能需要，选择更为合适的灯具，实现光照亮度、节能和安全最为合理的组合。

四、创设良好的学习情境，激发学员的学习热情

由于大专士官学员自身学习能力较差，许多学员无法对学习保持长久的学习兴趣，这就需要学员整合所学知识，激发内在学习动力，积极投入到学习中。一般情况下，如果学员对电工电子知识的学习感兴趣，自然就会保持强烈的好奇心和探索欲望，从而积极主动地参与到学习中，提高创新思维能力。因此，为了确保学员能够保持长久的

学习兴趣,更加长久地参与其中,就需要教师充分发挥自身的引导作用,根据实际教学内容,设计更为合理的问题情境,提出难度适中的问题来激发学员的学习兴趣。电工电子由于学科特性,其中内容尽管学习难度较大,但是有很多内容需要实践操作,根据学科特点来选择合理的教学方式,如合作学习法、情境教学法、任务教学法等等,在提升教学效果的同时,还可以有效培养学员的创新意识。

综上所述,在大专士官电工电子教学中,教师应该充分发挥自身的引领作用,帮助学员树立良好的创新精神,在设计的教学情境中,保持长久的学习兴趣,丰富想象力,激发创新热情,培养学员的创新思维能力,使其真正成为学习的主人。

第五节　电工电子实验教学改革及学生能力的培养

无论是电路、电子技术还是数字电子技术、电工学等课程都与电工电子实验教学密切相关。实验教学是学科理论知识的重要实践课程,也是培养学生能力的重要方式。电工电子实验教学要顺应时代的发展,改进教学理念,在实验教材、实验教学方法、实验教学内容和教学手段等方面都要进行改革和创新,才能在实践教学中培养学生的能力,提高学生的综合素质。

随着教育改革的不断深化,电工电子实验教学也紧跟时代发展的脚步,对实验内容、方法和手段等方面进行了改革,不断引导学生积极自主地进行实验,注重培养学生的创新能力,提高实验教学的效果。

一、实验教材的变革

教材是教学活动的载体,实验教材更是电工电子实验教学的重要组成部分,对实验教学的效果和学生能力的培养起至关重要的作用。原来的实验教材在内容安排上侧重于验证性的实验,设计性和综合性的实验涉及得不多。这样的设计不利于培养学生的综合能力。因此,要想提高学生的能力,就要对传统教材进行改革。第一,实验教材的编写内容和设计要紧跟时代发展的步伐,要从学生的需要入手,教材要大众化、多元化和层次化,能够满足不同学生的学习需要。电工电子实验教材在内容和体系上都要充分体现学生的主体地位,注重对学生实践能力、理论知识和综合素质的培养。第二,实验教材的编写还要适应学生的认知能力和学习能力,既体现应用性又具有精英性。教学在编写和设计时要依据学生的认知规律和实验教学的规律,注重学生能力的培养和提高。第三,实验教材的改革还应体现时代性,内容的编写要与社会的发展相适应。

二、实验教学内容的变革

要提高学生的能力，提高实验教学的质量，就要对实验教学内容进行改革和创新。要根据学生的认知规律和实验教学的目标，把电工电子实验教学的内容分为综合设计实验板块和基本实验板块两部分。

多元化、多层次的实验。针对基本实验板块内容，要改传统、单一的验证性实验为多元化、多层次的基础实验、设计实验以及仿真性实验。基本实验教学的重点是培养学生了解基本仪器的性能和使用方法，让学生掌握基础的实验方法和技能，进一步加深对理论知识的理解。要不断充实基础实验板块的内容，增添学生自主实验的内容，为以后的综合设计实验打好基础。

设计实验主要是使学生在已经掌握的知识基础上，对实验进行设计，培养学生分析问题和解决问题的能力。因此，设计实验板块，要引导、启发学生根据所学知识进行大胆设想，主动表达自己的想法，并能提出自己的设计思路。教师积极引导，鼓励学生发现问题、分析问题，调动学生学习的积极性和主动性，从而在实验教学中培养学生的创新能力和实践能力。教师在设计实验板块教学中，只需要提供实验的基本设计材料，其他所需都要通过学生自身的设计来完成。学生可以通过仿真软件调试设备、验证实验，并最后确定实验方案，撰写实验报告。基础实验培养的是学生的基本操作能力，而设计实验是培养学生对实验知识、实验方法、实验技能的综合运用能力，注重对学生学习兴趣的激发，关注学生的自主学习和对知识的应用。仿真实验的重点是培养学生掌握仿真软件的应用能力。与此同时，要加强数字电子技术和仿真实验能力的培养，使学生能够掌握利用先进设备设计实验的能力，为综合设计实验提供知识和技能方面的支持。

理论与实际结合的综合设计实验。综合设计实验板块要体现理论与实际相结合的理念。要让学生把课上所学到的理论知识，在综合设计实验中发挥作用，运用所学理论知识来进行工程实际应用的设计和开发的实验设计。在设计过程中，教师要鼓励学生大胆创新，勇于挑战，培养学生的创新意识和创新能力。教师要鼓励学生进行综合实验的设计，特别是在系统的应用和电路的综合设计方面，指导学生充分利用所给实验材料，用所学理论知识设计实验。

三、顺应形势，改革实验教学方法

变实验辅导解答为实验引导启发。电工电子实验教学要充分体现学生的主体地位，变实验辅导解答为实验引导启发。教师对实验的内容和重点部分进行讲解，使学生了解实验仪器的基本操作方法和注意事项。学生在实验中存在疑问或有困惑时，教师不要直接讲解和帮助，而是要启发学生积极动脑，认真思考，用所学理论知识来解决实际问题。这样不仅可以培养学生的实验操作能力，还可以培养学生独立思考和独立解决问题的能力。

变面向实验结果为面向实验过程。电工电子实验教学要转变以往的重结果轻过程的观念，要更多地关注学生的实验过程。教师在教学中，要充分调动学生学习的积极性和主动性，激发学生做实验的兴趣，可以先设计一些实验来引导学生积极主动地进行实验设计。在实验前让学生自主设计实验，学生可以查阅资料、设计实验方案、准备实验材料、计划实验流程等。实验过程中，侧重学生能力的培养，提高学生的实践能力。

四、实验教学手段的变革与学生能力的培养

从单一的实验模式转变为多元化的实验模式。目前电工电子实验大体上分为选修实验和必修实验。学生在完成必修实验的基础上，可以根据自己的学习情况和兴趣爱好，选择适合的实验项目，并进行自主设计和操作。通过选修实验和必修实验，可以让学生完成基础实验部分，掌握实验的基础知识和基本技能；学生有自主选择的权利，能主动积极地进行实验和设计实验，也有利于教师因材施教。

把课内外实验结合起来，可以形成多元化的实验模式。学生完成基础实验的同时，还能根据自己的专业情况设计实验和仿真实验。教师也应把课内和课外相互结合，学生完成课内实验的基础上，引导学生积极主动地完成课外实验，注重实验过程，培养学生实验的能力。

把仿真实验和操作实验结合起来，形成多层次的实验模式。仿真实验具有鲜明的特点，可以解决实验中的安全问题，数据不准确的问题，以及实验设备和实验时间限制等问题。学生可以充分利用数字技术进行仿真实验，利用编程软件进行实验设计，设计和实验操作可以同时进行，也可以边实验边调整，比对各种不同方案的实验，优中选优。实验教学中，教师还可以把传统教学手段与现代教学手段相结合，充分利用多媒体技术和计算机技术进行实验教学，调动学生主动进行实验设计和实验操作，提高学生的实验能力。

将封闭式实验教学变通为开放式实验教学。电工电子实验教学要改变传统的实验教学方式，转变观念，形成新型开放式的实验教学，把必修实验与选修实验相结合，课内和课外实验相结合，操作实验和仿真实验相结合，现代化的实验与传统的实验相结合。

电工电子实验教学要积极进行改革，教学方法、教学内容、实验内容和实验手段等都要进行改革与创新，要不断改善和丰富实验的内容和方法，采取开放式的教学模式，

引导学生积极主动地进行设计实验和操作实验，培养学生发现问题、解决问题的能力，激发学生做实验的兴趣，培养和提高学生做实验的能力。

第六节　电工电子技术课程项目化教学应用型人才培养

在应用型人才培养背景下，电工电子技术课程项目化教学可以充分地展示出教学方式的优越性，收到良好的教学效果。当前，高职院校的电工电子技术课堂教学存在重理论轻实践、有些学生的基础较差的问题。而项目化教学具有实践性的特点，非常适用于高职院校的电工电子技术课堂教学。具体而言，高职院校教师可以从明确项目、任务分解、项目化应用案例、检查与评价和校企合作五个方面入手，在电工电子技术课堂教学中引入项目化教学。

电工电子技术是电类专业基础课程，同时也是精细化工专业的实践类型课程。可是，在应用型人才培养背景下，高职学生的基础比较薄弱，实训条件不足，学校要在有限的学习时间内，将学生的学习效率与技能水平提升到一定程度，让其变成社会需要的应用型技能人才，这是一项非常重要的工作。基于此，电工电子技术课程于现代教学过程中引进项目化教学方式，提高高职学生理论和实践相融的主动性与积极性，为后期课程顺利进行准备扎实的基础技能，为社会培养优秀的技能型人才。

一、电工电子技术课程教学问题

首先，重理论轻实践。高职院校电工电子技术课程的内容基本上是由电工与模拟电子技术、数字电子与电路基础、概念与定理等部分组成，对于知识和技能方面的要求很高。现阶段，电工电子技术课程教学使用的是传统教学与实验教学相结合的方式，将课程理论教学作为核心，以实践教学为理论课程的辅助手段。大部分高职院校虽然已经改变了教学内容、方式与模式，如合理挑选教学内容、使用案例和多媒体教学法，降低了课程教学难度，有效激发了学生的学习兴趣，但是这种教学模式使理论和实践无法同步，脱离实际工作要求，导致高职学生在进入社会以后不知所措。

其次，部分学生的基础较差。有些学生的数学与物理基础不扎实，教师在讲解时，学生只是被动接受知识，对教师讲解的知识无法进行全面理解，导致学习主动性低，上课玩手机或者其他电子产品的情况比较严重。在上实验课的时候，有些学生也常常出错，长此以往，他们的自信心遭受严重打击，惧怕实验，还有部分学生上课盯着其他同学看，要么就直接抄袭其他同学的数据，不亲自动手操作。部分学生无法准确连接电路，不会准确使用电压表与电流表，无法分清串联电路与并联电路，常常导致电路出现短路的问题。

二、项目化教学的含义、特征及其优势

（一）项目化教学的含义

项目化教学是指教师对课程内容进行整理的时候，选择合适的项目，将学生当作学习的主体，认真指导学生独立完成项目内容，从而强化学生的实践能力。项目化教学旨在帮助学生进一步理解理论知识，提升学生的操作能力。项目化教学方式被大部分人认为是一种行为导向型教学方式。项目化教学的重点在于教师引导学生做好项目的过程，而不是项目本身。在此过程中，教师协助学生深入理解项目，同时给学生解决问题的机会，学生自行建立项目。在项目教学过程中，教师可以将学生分成若干学习小组开展项目，学习小组的成员负责做好本职工作，独立制订规则且实施项目。实施项目化教学模式，能够将课程理论及实践结合起来，将学生潜在的创造能力发挥出来，以此来提升学生处理问题的能力。

（二）项目化教学的特征

首先，课程具有实用性。项目化教学方式以企业工作过程为课程的重点，在任务和知识之间构建联系。在实际教学过程中，牵扯的项目活动就是对实际生产的某一个工程问题的模拟，学习的知识不仅具有针对性，还具有普适性。其次，课程还能培养学生的专业能力和职业素养，让学生实现零培训上岗。在项目化教学的过程中，教师应当尽量使用真实的工作环境，让学生可以在做好项目时，学习运用已经学习到的知识，展开实际演练，体会创新的乐趣和辛苦，使自身学习与动手能力、分析与观察能力等均得到有效提升。在这一阶段，教师还可以培养学生的沟通与生存能力、合作与生活能力，合理地培养学生环境保护与安全生产等关键的职业意识与素养，达到零培训上岗的目的。

（三）项目化教学的优势

电工电子技术课程是实践性和理论性的结合，当前的教学存在一些缺陷与不足，如教师讲解不到位、课程涉及的专业较多、教师讲解含义的过程中把握不到重点。除此之外，学生在学习电工电子技术课程时，普遍认为该知识比较抽象，无法完全理解，好像听懂了，在操作过程中却表现得不知所措，无法应用所学知识。而开展项目化教学能够有效解决这种问题。在项目化实践阶段，课程突出的是教师为引导，学生作为中心，在教学过程中基本上是根据电工电子技术课程知识有关的项目进行延伸，学生基于理论知识，探究项目且做好教师安排的任务，以此做到理论知识与实践的融合，让学

生可以把所学知识合理运用于实践过程中。课程项目化教学可以提高学生的专业技能，从而实现理论教学和实践教学的结合，让学生可以在学习理论的同时有效提升操作技能。教师选取的项目要对生产中的问题进行模拟，涉及的知识要有一定的针对性和普适性。

三、应用型人才培养下，电工电子技术课程项目化教学策略

（一）明确项目

项目并非是绝对完整和绝对独立的事件，而是相对独立和完整的事件。在技术方面，所有产品基本上都能够看成一个项目。比较适于教学的项目需要具备这些特征：① 具有真实的生产流程；② 可以把实践方面的技能与理论方面的知识结合起来；③ 具有一定难度，执行时需要使用全新的技能与知识，处理以往没有遇到的问题；④ 需要学生自主完成计划的拟订，合理执行计划，进行全面检查与评估，在实践过程中组织好学习；⑤ 需要具备明确且对应的成果展示，能够对工作学习质量的好坏进行客观判定，教师与学生一同评估工作的最终成果，总结与归纳工作学习的方法。

在全面分析电工电子技术课程知识结构的同时，课题组严格围绕维修电工技能考工基本内容，通过持续的讨论，进而给电工电子技术课程明确了几大项目，具体包括：用电安全，触电救治；可控直流调压电路调试及其安装；闪烁电路调试及其安装；三相电路与串联电路安装及其调试等。通过论证，这些项目均包含了电工、模拟和数字电路的所有内容，通过执行项目，学生不仅可以锻炼自身的操作实践能力，还可以进一步理解与掌握有关知识点，进而达到教学目标。

（二）任务分解

项目教学的本质是将职业工作任务融入到教学之中。通过职业工作任务，学生能够充分了解未来职业的核心工作内容，对自己将来的工作有一定的认知。电工电子技术在项目化执行阶段主要是对项目开展进行任务分解，例如：用电安全和触电救治项目分解为保护接地和接零的使用等任务；三相电路调试及其安装分解为三相负载星形测量及安装等任务；可控直流调压电路调试及其安装分解为电子元件判定和测量等任务；串联电路调试及其安装项目分解为基础放大电路等任务；闪烁电路调试及其安装分解为触发器功能和认知检测等任务。任务驱动的项目化教学方式可以激发学生学习知识的欲望，并培养学生的实践操作能力，促使学生进一步理解理论知识，提升教学成效。

（三）项目化应用案例

本研究将以照明电路安装及其测量为案例，展示项目化教学执行的过程。照明电路安装及其测量项目源自现实工作，是一项比较典型的工作任务。该项目以正弦交流

电路为重要支撑，可以培养高职院校学生识图与配线使用和分析电路的能力。实际教学阶段可以划分成这几个步骤来执行：首先，学生明确工作任务，给家庭设计照明电路，按照电路图进行配线，对日光灯电路进行全面分析。其次，学生通过工作任务翻阅照明电路有关资料，同时单独拟订相关计划。最后，学生执行计划。在任务设定步骤过程中，教师通过准确引导学生思考照明电路负载与电路保护方式，使学生进一步了解照明电路的构成和有关电气元件的功能。在配线过程中，通过引导高职学生学习识图接线，让学生牢牢掌握电气元件配线方式。在检测阶段，学生在电流、电压以及功率检测过程中会有一定的疑惑，例如：为何镇流器电压与镇流器电阻值乘上电流是不等的？为何日光灯电压不是镇流器电压与灯管电压？在该情况下，学生就会进行正弦交流电路特性与串联电路的分析。在此阶段，学生可以了解正弦交流电路单一参数电路与串联电路的分析方式，可以掌握这几种功率间的数量关系。项目里面加入的日光灯电路两边并联电容步骤，可以引导学生对功率因数表检测前后电路功率因数展开对比，从而进一步加深学生对功率因素与增加功率因素的方法的理解。

（四）检查与评价

项目化教学强调高度尊重学生的主体性，引导学生在项目化的课程、任务中自主思考、合作探索、动手实践，这也使得相应的检查与评价显得更为重要。在自主探索及实践的过程中，学生虽然能够进一步统一理论与技能，但是也很容易出现犯错而不自知的情况，如果教师不能及时将他们的错误加以改正，那么学生很可能会逐渐形成错误的知识理解、技能操作方法和实践经验，这对他们的学习乃至日后工作都会造成严重影响。因此，在实施项目化电工电子技术课程教学时，教师除了要引导学生进行自主合作探索，更要做好相应的检查及评价工作。在学生完成项目任务后，教师应要求学生立即进行检查工作，确保电路连接、焊接、调试、测试等均不存在问题，如果发现问题可以通过小组讨论的方式解决。在此基础上，教师还要让学生进行自我评估，并让不同小组进行交叉互检，展开互评，在检查他人作品或任务的过程中进一步积累经验，增强分析能力。最后，教师要发挥自身引导、点拨作用，基于对整个教学过程的深度观察进行总结，重点分析研究学生在项目实践过程中常犯的错误，帮助学生发现问题，带领学生共同探索相应的解决方法，进一步发挥学生的主观能动性。在完成以上工作后，教师要基于学生的自我评价对学生进行全面的学习反馈，帮助学生对项目化教学目标与过程等进行全面反思，以此来提高学生在课程项目化教学阶段单独探索的能力和培养小组协作精神。在项目实施阶段，电工电子技术课程组也要不定期开展研讨会议，对讨论结果加以整理归纳，进而健全教学基础内容与教学方式，明确教学进度。由此可见，执行项目化教学可以激发学生的学习欲望，提升课程教学效率，实现培养目标，推进理论与实践相融合，培养学生技能，为让学生成为社会所需应用型人才奠定扎实的基础。

（五）校企合作

校企合作是近年来培养应用型人才的重要手段。因此，对应用型人才培养背景下电工电子技术课程的项目化而言，校企合作是必不可少的。学校需要积极地和相关企业展开深度合作，与企业就项目化教学进行全面研究，从各个层面支持电工电子技术课程项目化教学发展。首先，校企合作建设项目化教学基地，学校要在企业的帮助下，协调资源配置，共同建设设施设备齐全、条件完善的项目化教学基地，从而为项目化教学提供良好的基础支持。尤其是对部分教学条件较差的学校而言，更要积极借助企业力量，更好地支持项目化教学开展。其次，校企合作应当完善项目化教学体系，校企双方要从目标、师资力量、管理结构、管理制度等项目化教学基地运行情况展开研究，共同确定具有实践性的项目化教学体系，为电工电子技术项目化的稳定运行提供完善条件。校企合作要基于共同的人才培养目标，合理规划人才培养方案，建立健全相关制度，让项目化教学得以稳定开展。最后，校企合作需要科学规范项目。应用型人才培养背景下，电工电子技术课程的项目化教学应当合理设置项目，既要满足学校课程教学需求，也要符合企业岗位需要，真正实现校企人才培养对接，为企业输送大量高质量的应用型人才，同时解决就业难问题和企业人才缺乏问题。学校教师和企业岗位技术人员也要积极展开研究，将理论知识与实践技能紧密结合起来，确保学生在电工电子技术课程项目化教学中能够真正将理论与技能相融合，同时帮助他们积累经验，将他们培养成高素质的应用型人才。

项目化教学实际上是一种建构主义学习理论的探究性教学模式，这种方式和建构主义学习理论都比较强调活动建构性，强调在协作中学习，通过持续解决疑问做好对知识的建构。高职院校学生的学习基础较为薄弱，可是具有一定的可塑性，而项目化教学能够增加学生的主动性和参与性，提升课程教学水平，对电工电子技术课程教学效率的提高具有积极作用。

第八章　电工技术教学应用研究

第一节　活页式教材在电工技术教学中的应用

教学改革是院校教育永恒的主题。在新的形势下，时代在变、教育在变、教学对象也在变，我们需要积极适应这些新的变化，在继承传统的基础上，进一步深化教学改革。而教材对于职业教育来说至关重要，好的教材可以大大提高教师的备课效率，改善学生学习的方式，活页式教材作为一种新兴教材模式，相对于职业教育更新快、实践要求高的需求具有重要意义。本节主要介绍活页式教材并总结分析活页式教材的编写注意事项，提出活页式教材在内容组织形式上的一些建议以及活页式教材在教学中发挥的作用。

2019 年国务院《国家职业教育改革实施方案》中提出"倡导使用新型活页式、工作手册式教材并配套开发信息化资源"的教材建设思路。职业教育的教学多以任务驱动，"教学做"一体实施，每个任务相对独立，任务的完成需要提供一些支撑材料、任务书、流程、评价表、作业等多方面的教学资料，再加上新技术的不断涌现，知识更新快，传统教材须换版本补充新内容，这其实是不容易操作的。而活页式教材，教师可以自由插入页面，便于个性化教学，满足不同难易程度的要求。因此，活页式教材的建设与使用将成为课程改革中的重要一环。

2020 学年，学校对大专专业的相关课程进行教学改革，其中电工技术课程为了积极推动教学改革，体现职业教育教学特点，增加了三相电、照明电路安装、安全用电等实训模块，由于没有合适的教材，故编写了活页式教材并试用。为了适应学生的学习情况，教材边编写边使用，任务更加详细具体，同时也锻炼了学生的动手操作能力，提高了学生的学习兴趣。

一、什么是活页式教材

活页式教材，顾名思义与我们普通的线装或胶装的书籍不同，教材的内页是可以抽出或加入新书页的，具备"活页"和"教材"的双重属性。

活页式教材与普通教材最大的区别在于可拆解和可组合性，普通教材在印刷出版后就已经定型，而活页式教材在这方面则非常灵活，随着技术的进步、岗位要求的变化、学情的变化、培养目标的调整等，活页式教材的内容可以根据需求及时地调整和变化，这也是活页式教材的一大优势。

二、活页式教材的编写注意事项

活页式教材按照"以学生为中心、以学习成果为导向、促进学生自主学习"的思路进行编写设计，同时弱化"教学材料"的特征，强化"学习资料"的功能，体现出学生的教学主体地位，充分调动学生参与的积极性，培养学生获取知识并运用所学知识解决实际问题的能力。因此设计教材时，注重对实践操作和动手能力的培养，在编写时要注意以下几个方面：

系统灵活的教材内容。活页教材依据课程教学计划选取每个任务的相关知识点与技能操作点，然后按照知识点与技能点的逻辑递进关系，展开讨论，集思广益，最终确定教材的内容。与此同时，每个任务在布置时，尽可能地在内容上要相对独立，这样就可以实现教材在使用过程中可以结合需要灵活拆解，做到真正的"活"页。

简明适度的理论知识。基于职业教育课程中理论服务于实际操作的教学特点，教材中的理论内容应以必要为度，适当进行拓展。理论知识可以根据任务需要进行分类，可以分为需要了解的、理解的、记忆的、分析的、运算的，等等。

为了增强学生的自学能力，对于需要了解的知识可以通过课前布置任务给出纲目，学生自行查阅学习的形式来实现。对于需要理解记忆的核心技能知识，可以在教材的课中任务中以习题的形式巩固强调。理论内容要紧紧围绕任务实施来展开，使学生更容易掌握相关的专业知识。立体呈现的内容形式，智能手机的普遍使用，使活页式教材凸显信息化的特点，方便学生随时随地地进行学习，比如，以二维码的形式将网络平台上的图片、视频、测试题等资料与教材很好地对接，实现便携的调取，提高学习效率；测试题以扫码闯关的形式进行，让学习过程富有挑战性；对于实操作业，匹配实操现场的视频讲解，让学生的操作与现场同步，更加规范化。

三、活页式教材的组织形式

参考我们电工电子教材编写组在电工技术活页式教材方面的编写设计经验，在教材的组织形式方面给出以下建议：

学习目标。将本次任务对应的知识、技能呈现出来，学生可以清晰地明白本次任务要学习什么，要做什么，给学生提供一个明确的方向，使学生明确通过本次任务的学习要达到的具体目标。因此，在学习过程中可以有效地激发出学生学习的内动力，增强学习的兴趣。

课前任务。这个内容是针对本次任务所需知识的课前学习，这些知识可能是对本课程之前所学的模块中内容的回顾测试，也可以是教师发布的与本次任务相关的课前学习任务和相关参考拓展资料，介绍一些新理论、新知识、新技术、新方法，方便有能力的学生进一步探究。学生通过自学、看学习视频、查阅资料等方式完成教师布置的课前任务。

课中任务。包括知识链接和实践实施两个部分，这两个部分是知识、技能、问题、任务等学习、训练或应用内容的呈现，是教学设计中十分重要的环节。活页式教材推荐以问题带出知识点的方式，努力把知识解构成一个个问题，由问题带动、层层递进、环环相扣，从而激发学生的学习兴趣。这一过程教师的主要任务是组织课堂，检查学生课前学习情况、讲解重难点、发起讨论并回答学生提出的问题，进行实践操作演示，对学生的学习情况和出现的问题进行总结和讲评等。在此过程中，教师应挖掘学生的学习潜能，调动学生的学习积极性，使其融入学习过程中，充分体现学生的主体性。

课后任务。包含理论和实操作业，以理论知识、技能操作的方式呈现，加深学生对重难点内容的理解。学生可以通过复习、查阅资料、交流讨论等形式完成。

四、活页式教材在教学中发挥的作用

不同性质的课程，活页教材的适用性也不同，发挥的作用也不一样。以电工技术中的安全用电常识为例，普通教材中关于安全用电的常识大多都采用理论阐述的形式，比如电流的分类，根据电流通过人体的电流大小不同，人体呈现不同的状态，可以将电流划分为三级：感知电流、摆脱电流和致命电流。学生在学习过程中只是在字面上了解感知电流是多大，会对人体有怎样的作用，是比较抽象的，而在新的教学改革中，为了让学生比较感观地来感受一下"电"，特别增加了小电流流过人体的电流感知实验，而这部分内容普通教材中并没有涉及，没有合适的教材，故编写了活页式教材。活页式教材为了适应学生的学习情况，在原来理论知识的基础上增加了实验部分，任务更加详细具体，这样一来，既锻炼了学生的动手能力，又让学生真正感受到被"电"的感觉，增长了学生的见识，提高了学生学习的兴趣。

随着教材的编写以及实训教学进度的推进，将教材以活页形式打印并发给学生，同时在使用中不断完善。活页式教材使用方便，知识技能模块比较清晰，可以根据教学情况灵活拼接组合。

教学改革是无止境的、开放的、灵活的。新技术、新理念、新教法、新案例应不断充实到教材中，活页式教材恰好适应这种改革要求，它既拓展了学习空间又丰富了学习方式，对培养高素质的技术技能人才起着重要的促进作用。

第二节　任务驱动法在电工技术教学中的应用

当下在电工专业技术教育教学中，任务驱动式教学越来越受到广大教育工作者的重视，任务驱动式教学是一种教学效果明显、教学过程条理清晰的教学模式，任务驱动教学模式不仅在专业操作技术能力课程当中得到了广泛应用，在理论教学课中也可以应用。因此，这种教学方式已经变成这方面教学课程的专属代名词。在叙述有关电工技术教学重点中，列举了有关任务驱动教学法在基尔霍夫定律和电路支路电流法教育教学中的实践应用。任务驱动法在电工技术教学方面不仅提升了学生的学习热情，更扩充了学生自助式学习的途径，对培育学生的创新思想起到有效的推动作用。就任务驱动法在电工技术教学中的应用做一些简单的阐述。

作为职业教育的一个重要模块，任务驱动教学是一种极其理想的课堂教育教学模式。电工学科技能教育教学课的知识性与实际操作性都较强，可以说是知识与技术能力的结合，并且互相具有增强的作用。我们之前传统的课堂教学模式讲求理论教学为基础，多采用基础理论知识为核心的教育教学模式，反而对实践教学的重视程度不够，而我们依据高等职业学校学生的特点，基础理论知识相对薄弱而动手的实操能力较强。根据上述特征，教师只教授理论知识是没有办法提起学生的学习热情与求知欲的，也就没有办法培育出符合国家和社会需要的高端人才。根据这一现状，教师必须采取有针对性地改革创新，在课堂教育教学中将学习的本体地位还给学生，在不断提升自身专业技能的同时培养出多元化发展的全面高素质人才。

一、关于任务驱动法教学的具体方案阐述

（一）简述当下的传统教育教学模式的缺陷、瑕疵

电工技术是一门理论性与专业性很强的课程，与此同时，又兼具实际实操应用的特征，目前我国传统的教育教学模式是以原理为载体的教育教学体系，这一模式造成了学生在课上对教师讲解的理论知识不理解、课下作业不会写、期末测试不及格等弊端的产生。这样的课堂教育教学模式不仅不能够激发学生的学习热情，而且更不是我们教师想要得到的目标教育成果。

目前，电工技术教育教学方面继续沿袭的传统教学模式存在以下三个缺陷：

第一，在课堂上将大量文字形式的原理理论知识导入新课，造成学生求知欲的匮乏。

第二，教育教学过程中错误地将理论知识当作课程的教学重点，缺少实际应用的课堂教学，造成了学生动手实践方面能力不足。

第三，在整体教学过程中，理论与实际操作严重脱节，对电工技术课程的实操力度重视不足，使学生不会将理论与实际结合起来学习。

（二）简述任务驱动法教学的课程整体设计思维体系

我们在实际课堂教学中设定了一套教学流程图，应用任务驱动法教育教学时，学生可以逐步依据流程实施，在分析与完成的同时做到理论结合实际。我们以三相异步电动机的延时正、反转的具体案例举例说明。

以电工技术实践训练为核心基础特征，针对电工技术这门学科的课堂任务进行教学项目化设计方案，方案的载体为实际项目，并以任务作为基本导向，加入知识结合实际技术的教学理论，使实际训练操作更为接近以后工作岗位的情境，培训学生的专业技能，培养学生的职业素质。电工技术实操的项目设计有以下内容：测量电路的安装实验、关于变频调速的实验、触摸屏三相异步电动机的控制实验以及低压电气的控制实验等。例如，在实际实施基于西门子 S7-200PLC 编程实验及触屏的三相异步电动机的控制实验操作中，包括了三个小实验任务：三相异步中电动机的正转、反转知识原理剖析；熔断器、逆变器等硬件设备的外界线设计；工业的触摸屏通信设备设置。这三个小任务突破了原有的课程理论体系，并将实践技术能力与工作的实际能力有机结合在一起。学生可以通过对这些任务的探究活动逐步提高分析问题、解决问题的能力，真正应用"在实践中探究真理科学"的课堂教学模式，促进学生综合技术素质能力的拓展。近几年，学校的办学理念和办学宗旨是为高端教育教学和社会核心经济发展培养专业的、具有扎实基础的、技能过硬的、敢于尝试创新的、重视应用领域的高素质整体多元化发展型人才。因此，我们教师为培育学生的综合技术能力，电工技术实操训练多采用任务驱动法为核心理念的教育教学方法，有效地提升了学生的学习主观能动性，从而达到理想的学习境界。在实操培训课堂上，我们教师用具体、细致的方法引出课题，目前的教育教学体系中，以应用实际项目、分组讨论、创设情景、自助式学习等方式开展教学活动。通过这样的教学模式创新，学生能够逐步形成自主学习的具象、抽象逻辑思考问题的方式，进而增加了学习的乐趣，逐步实现分析问题、探索新知识的核心理念。

（三）简述任务驱动法教学中关于任务的设计理念

首先，我们要提到的是以能力为基本原则的教育教学课堂全局设计理念，我们必须将课堂上的应知应会能力水平进行分析处理，这是开展课堂教育教学全局设计的首要问题。电工技术课程理论体系研究是全面的科学研究与应用技术规程。

其次，关于综合设计、单个项目的实操训练项目任务，简单来说就是锁定一个典型的案例项目，在课堂中作为教育教学的大背景，以载体的形式带动整体课堂教育教学的开展，例如，在模拟电路系统的课堂上优选了一台收音机当作样板项目任务；在关于数字化电路的课程中选择数字时钟当作样板项目任务等，这些项目任务是由浅及深、由大到小、由简单到复杂，依据教科书单元的结构而逐渐成长起来的，具有实际价值，并不是一个普通形式的科学原理的辩证体系，而是一项完整的产品的体现。课堂教学中有中心实际案例，单元结构的调整就有了一定之规，我们教师常提起"理论与实际权衡"就可以做到准确定位，权衡取舍之间，我们能做到中心部分的实际案例足够改良和调配就可以了，而我们可以大胆地减去非必要的理论和知识。

二、关于开展任务驱动法教学应注意的方面

（一）在课堂教学中，整体教育教学主体地位的变化

任务驱动教学法的具体特征是："课堂上以实验任务作为主要脉络，学生为课堂的本质，教师是学生引导引路的先导者"，依据这一教学模式，在整个教学过程中都需要学生全身心地投入课堂实践中来，自主讨论，深入研究，学生的主观能动性与研究兴趣有效地发挥引导，是整个教学模式成功的关键。因此，我们教师必须学会课堂角色的转变，首先是将灌输知识变成指导、辅助指导；其次是将课堂的主体地位归还学生，做到与班级学生共同学习、共同进步。

（二）在课堂教学中，整体教育教学要注意结合理论

我国新课程标准改革的重点是将学生在课堂上的被动地位转变成主动地位，将填鸭式教育教学转变为具有主观能动性的引导启发式教学策略，使学生在实际中迎接具有一定挑战的学习实验任务。因此，关于课堂情境的创设，我们要建立与核心主题相关的情景，引导学生以最好的状态融入学习知识的海洋。

（三）在课堂教学中，整体教育教学要把握重难点

关于电工技术教学中实验任务的设计要均衡地注意任务的大小以及知识的质量、课堂中教学前后环节的联系。教师要积极地做到从学生的立场出发，以实践为原点，重视学生的现有水平等最近发展区，依据学生的个体差异开展教育教学工作。

根据上述的观点，任务驱动教育教学法不仅承载了我们以往教育教学形式的长处，同时结合了创造性教育模式，能够在课堂教学中将学生变成学习的主体，以任务来驱动学生的学习主观能动性，使学生通过自身的实践操作，将书本上一些枯燥无味的文字变成灵活的实操能力。通过我们广大教育工作者的实际启发、指点与引导，学生能够做到由点及面、举一反三。任务驱动法教学充分显示了把课堂还给学生的教学新思想，在理论结合实际技术的同时，引爆了学生学习的主观意识与学习行动力，也促进了学

生之间的紧密配合,使学生在分析问题、完成任务的同时增长知识。希望任务驱动法可以被广泛地应用到更多的领域中去,为祖国和各用人单位培育大批全面发展的高水平人才。

第三节　慕课背景下的电工技术教学方法应用

电工技术是机电类专业的一门实践性要求很强的基础课程,是从事集成电路设计的工作人员必须掌握的一门基本技能。通过多年的教学实践,笔者发现本课程的教学效果不太理想,究其原因主要是教学模式落后,传统教学模式无法提高学生的学习兴趣和积极性,学生的学习自主性和自由度不高。为培养创新性强,能够适应时代发展需求的应用型人才,慕课建设显得尤其重要,以慕课为背景的电工技术课程混合教学模式值得探索。

一、"慕课"背景下,课堂教学的意义

学校机电类专业不同年级学生的问卷调查数据显示:了解慕课的学生仅占 15%,认为慕课不可颠覆传统教学的学生占 70%,认为慕课可以更有效地帮助自己获取知识促进学习的学生占 80%。将传统课堂与慕课的混合式学习模式结合起来,克服传统教学方式的不足,利用传统课堂的有效控制作用和慕课无法实现的小组讨论形式。在有限的课堂教学时间里,让学生成为学习的主角,从而激发学生的学习兴趣,提高学习质量。慕课的教学优越性体现在以下五点:

利用慕课在线教学,拓展了课堂教学内容,有助于提升课堂质量,保证教学效果,减轻教师重复讲解知识点的负担。

树立教学过程"以教为重心,转变以学为重心"的教学理念,提升引导学生的自主学习能力和创新思维能力。

针对高职院校的老师,借助慕课实施"翻转课堂"供学生学习,有针对性,突显因材施教;针对高职院校的学生,借助慕课丰富了学习形式,激发了学生的学习兴趣。

在慕课背景下开展教学,更有利于一些现代化的教学手段在教学中的实施。

以慕课为背景的电工技术课程混合教学模式引入学校实践教学,将传统的课程教学与互联网环境下在线课程教学相结合,实现优势互补,提高教学质量。

通过慕课的建设,将传统的课堂教学模式和网络在线的慕课教学相融合,给学生提供了新的学习途径,营造了共享的教学环境,从而促进教师、学生共同成长,打造高效课堂,提高教学质量。

二、"慕课"背景下，电工技术课程的教学策略

"慕课"的主要方式是将课程授课通过录制视频的形式呈现，通过慕课视频可以实现在线自学、课堂教学师生交流、慕课上知识重构、课堂教学反馈与在线评价。在网络平台上，只要学生能连接到网络，就可以快速获得网络资源。

前端分析：针对高职院校学生的学习动机、兴趣爱好、起点水平、认知风格、学习条件等分析，精心制作慕课视频，将课程知识点拆分并设立单个课程的多任务清单。以电工技术为例，教师结合本课程的培养目标和学习者的特点制订新模式下电工技术课程的教学目标、教学内容和教学计划，共设定 46 个任务清单，学生通过观看视频，随堂检测和课程反馈来完成各个知识点的任务要求。

慕课在线资料制作：前期准备与课程相关的课程大纲、各种教学资源、规划教课内容，拍摄前要准备 PPT、课程脚本、课程素材、视频制作规格；后期完成视频剪辑和视频包装。

教学模式的改革：慕课将线上线下有效结合起来。线上：作为课堂教学前的预先理论的前导部分，充分调动学生的学习兴趣，符合学生的认知规律；线下：在传统课堂教学方面，教师引导学生完成知识的梳理和完善，师生教学互动、沟通交流，更具有针对性地讲解教学内容，提升课堂教学的实效性，最终调动线上线下两种资源的积极性，使学习深度进一步加深。进一步让慕课成为实施"翻转课堂"的助推剂，推进以教师为中心、知识灌输为主的传统教学模式，向以学生为中心的新模式的转变，充分调动学生的积极性，大力发挥学生的主体作用。

慕课背景下混合教学模式的多元评价方式：为了提高学生的自律性，以及保障慕课教学的有效实施，建立以形成性评价为主、终结性评价为辅的评价机制。学生的成绩可以分为以下四个部分：网络资源自学完成情况（20%）、课堂讨论情况（20%）、课堂课后作业完成情况（20%）、期末考试（40%），根据权重占比计算作为学生的最终考核成绩。

本节基于慕课背景下的混合教学新模式，以学生为本，让学生进行自主的探究性学习，利用在线学习资源，充分地调动学生对该课程的学习兴趣，既保证了教学质量，也满足了社会对应用型人才的迫切需求，提高了学生的就业竞争力。

第四节　翻转课堂理念下，电工技术教学实践应用

翻转课堂教学模式覆了传统的教学安排秩序，形成一种新的教学模式："学生先完成知识和技能的学习，然后在课堂上，师生面对面地学习，实现知识内化"。电工技术

教学的优势在于发挥学生的主观能动性，学习不受时间和地域的限制。本节首先介绍翻转课堂教学模式，然后分析校企融合的电工技术课程教学现状，接着分析电工技术课程推行翻转课堂教学模式的可行性，最后介绍翻转课堂教学模式关于电工技术教学的设计案例。

一、翻转课堂教学模式

（一）翻转课堂教学模式的定义

在信息技术快速发展的形势下，传统的教学观念受到了一定的挑战，一直以来，老师在课堂教学过程中占据着十分重要的地位，学生学习缺乏主体性。翻转课堂是一种颠覆传统教学形式的全新教学形式，在该形式下，学生学习的自主性和积极性得到了有效的发挥和调动，通过对网络资源的合理运用，学生可以实现自主解决问题的目标，大大提高了学生学习的主观能动性。换言之，老师在课堂上解决学生的疑问，帮助他们对知识的理解和提高。翻转课堂教学模式是指以翻转学习为基础的课堂教学方法。也就是说，翻转课堂在教学实践中的应用，改变了传统教育理念下教师的主导地位，使学生真正成为学习过程中的主人，这对于提高学习质量具有十分积极的现实意义。

（二）探索翻转课堂教学模式的原因

在教学活动开展过程中，学生和老师都是十分重要的主体，要想取得良好的教学效果，教师和学生就应该找准自身在教学中的地位。在传统的教学模式之下，老师是教学过程中的绝对主体，整个教学过程也基本都由老师来掌控，学生的主体作用没有得到有效的发挥，因此参与教学活动的程度也不高，在这样的情况下，学生就会逐渐养成过度依赖教师的学习习惯，老师教什么，学生就学习什么，完全按照老师的教学步骤进行，思维模式逐渐僵化，这对于学生综合素质的培养是非常不利的。

与此同时，课题模式的僵化也使得师生之间缺乏交流，学生只强记书本内容，不进行自主思考，自然没有什么疑问产生，教师因此会做出错误判断，高估学生的学习水平，不利于教师随时调整自己的教学内容。翻转课堂教学模式的出现，可以使教学目标更加明确和具体，并且将其作为教学的参考依据，对其进行细化和分解，制定明确的教学措施，明确每一步教学活动所要达到的教学效果，然后充分调动各方面教学资源，共同为教学目标的实现服务，最终实现提高教学质量的目的，实现翻转课堂教学的主要目标。

（三）翻转课堂实施的必要条件

在传统的教学形式之下，老师在课堂上的角色一般都是知识的传授者，因此对于知识的讲解基本会贯穿课堂教学的全部时间，同时由于老师的教学任务比较重，如果利用过多的时间与学生进行沟通和交流，就会导致教学任务无法按时完成。而对于学生来说，老师讲解的知识如果缺乏趣味性，不能有效吸引学生的注意力，学生就很难长时间地将注意力集中在课堂之上。因此，老师对于学生的学习状况不了解，学生对于老师讲解的知识存在抵触情绪，在这样的情况下，要想实现教学质量的提升，是非常困难的。老师应该以翻转课堂为平台和媒介，与学生建立良好的沟通机制，积极与学生进行适当的沟通和交流，及时掌握学生的实际学习情况以及在学习过程中遇到的问题。

因为受限于考试，所以教师有时候不得不在课堂上采用填鸭式教学的方式来进行授课，为了让学生应付考试，然而提高考试成绩和创新教学模式实际上是可以结合起来的。翻转课堂就是这样的一次尝试，丰富的教学手段首先调动起学生的积极性，让他们在多样化的教学模式下感受学习的乐趣。学生主动去学，教师就可以对他们的学习方式加以干涉，为了降低他们对"死记硬背"的抵触情绪，教师可以换一种方法，比方说随机提问、小组讨论、课堂汇报等，多种形式重复同一内容的教学，也能够起到强化学生记忆的作用。

二、校企融合的电工技术课程教学现状

在传统教学理念的影响下，自学生接受教育开始，就在思想上树立了一种根深蒂固的观念，那就是老师的想法都是正确的，老师解决问题的方式也是最好的，所以只要在学习的过程中按照老师的要求和教学步骤进行就可以了。即使有些学生在学习的过程中会出现独立的想法，也不敢及时提出来或者与老师进行交流沟通，因此教学一直按照既定的模式开展和延续。而在实际的教学过程中，老师也一直采取相对单一的教学方法，不注重学生在学习过程中的感受和思想，因此可以说，千篇一律的教学方法是导致学生缺乏创新思维和实践能力的主要原因。不仅如此，在这样的教育形式下，学生还很容易失去对学习的兴趣，所学的知识也全部都是老师灌输的结果，其中真正能够内化成综合能力的少之又少，这对于学生以后的进一步学习和发展都是非常不利的。

目前，我国电工技术课程的主要特点是：① 统一教学。当前基本的教育体系已经形成，并且随着教育的不断发展，现有的教育体系实现了有效的优化。② 学校证书整合。在电工技术课程中进行维修电工的研究。该课程内容丰富，符合专业资格考试和技术水平评价，提高了社会评价的可信度和有效性。③ 有多种评价方法。注重平时的考核，最终考核包括作品考核、技能考核和理论考核。④ 将课程整合到企业要素中。充分利用企业资源，将公司引进学校，建立学校生产实训基地，并将课程纳入企业要素。通过公司实际的电气控制柜的安装和调试，进一步提高学生的技能和专业水平。教学一体化教学模式对培养学生的实践能力起到了积极的作用。

翻转课堂的概念并不新颖，实际上这一理念在我国的发展已经有一段时间了，但

是效果并不明显，究其原因，重点实际上在教师身上。翻转课堂虽然说是以学生为主体，但是教师的教学任务并没有随之减少，相反，教师的地位非常重要，他在教学中起到了主导的作用。翻转课堂的失败，实际上就是因为教师对于翻转课堂的内涵，如何进行翻转课堂的了解还不够透彻。因此，在实际教学当中，放松了对于学生的指导，使得学生在最初的热情退去之后，没有新的吸引力出现而逐渐懈怠，当懈怠情绪持续蔓延以至于成绩下降的时候，教师再想要通过干预来调动学生的积极性已经有些迟了，不仅翻转课堂教学失败，还耽误了教学进度。亦或是实际运行起来的翻转课堂并没有与实际情况相结合，只是教师死板地硬套模式，实际上还是以教师为中心的课堂教学，自然无法发挥翻转课堂的教学成果，还有可能会因为学生的不适应和教师的节奏混乱而降低学生的学习效率。

三、电工技术课程推行翻转课堂教学模式的可行性分析

（一）学生学习的基本特点

在学习阶段，根据一般的教学经验，学生对于较为枯燥的理论知识，很难长时间地集中注意力进行学习，加之现代科学技术的快速发展，许多智能移动设备会在很大程度上吸引学生的注意力，使学生不能有效地集中精神听课，但是当前学生接受新事物的速度相对较快，这也是有效实施翻转课堂的有利因素；教育理念是不断发展和进化的，在之前漫长的历史长河里，我国一直有着自己独特的教育传统理念，这一理念影响了许多代人，也为我国的发展培养了许多优秀人才。但是时代在发展，理念却停滞不前，渐渐地，传统理念已经不能满足日新月异的教育环境了，环境对我们提出了新的要求，也促使教育理念逐渐发展变化。翻转课堂下的电工技术教学实践就是传统教育理念的一次变革，通过改变教师和学生之间的位置以及教师的教学模式来尝试新的方法，采用新的教学模式，这是一次大胆的尝试，也是一次有益的尝试，新的事物在诞生发展的过程中必然是曲折的，但只要保持上升的势头，就必然有旺盛的生命力。

（二）信息技术的飞速发展

互联网以及信息技术的飞速发展，使网络资源的获得成本更低，获取方式更加快速和便捷，而翻转课堂在很大程度上依赖于网络教育资源，通过信息技术的强大支持，学生可以自由地在网络上寻找和获取自己想要的教育资源，进而开展相应的学习活动。因此基于翻转课堂理念的电工技术教学实践，可以在很大程度上丰富教学手段，使学生在多样化的教学模式下对学习知识产生兴趣，进而更好地学习和理解所学知识，达到理想的教学目的。

（三）课程有完整的网络教学资源

网络是一个资源丰富的平台，在这个平台中，学生能够找到许多可供学习的材料，老师也能够在丰富的教学资源中找到新的材料，从中获得有益的启发，用以完善自己的教学模式。由此可见，网络平台具有发展潜力，教师在教学的时候，一定要有意识地把这个时代最便利的利器运用好，但是同时也要注意不能滥用，网络的资源十分丰富，但是也缺乏筛选，各类资源混杂在一起，良莠不齐，很容易鱼目混珠。学生受限于人生阅历，有时候很难对网络资源的优劣进行辨别，被粗糙、低劣的资源吸引注意力，反而影响学习。所以教师应该充当学生与劣质网络资源的第一道防线，对学生得到的资源进行筛选，坚决抵制低俗信息和违反犯罪信息，要引导学生正确运用网络，发挥网络对翻转课堂的促进作用。

四、翻转课堂教学模式关于电工技术教学的设计案例

在电工学教学过程中，选用了三相交流异步电动机正反转控制电路，具有较强的可操作性和明显的教学效果。我们尝试翻转课堂教学模式，取得了良好的效果。

（一）课前问题的提出

本课程的主要教学目标是研究电机的正负控制原理、电路图的绘制方法和元件的选择方法。最后，通过电路的安装调试，进一步完善电路的设计，掌握安装调试技巧。当设计一个问题时，它必须具有挑战性，使学生能够产生挑战新知识的内在动机。

（二）学生自主安排学习

第一，学生独立完成有关知识点的收集和汇总。学生可以在网络上下载和观看电机控制电路教学视频。观看教学录像的时间和节奏完全由学生自主控制。学生可以选择在特定的时间观看教学录像，以提高学习效率。学生可以快速或慢速地看教学视频，随时暂停，记录猜疑和想法，记录收获，以便与同龄人分享。在这个过程中，学生会不自觉地在脑海里对自己学过的知识进行重组和编排，然后有逻辑地表述出来，学生不自觉地就把学习的内容系统地复习了一遍，在放松而自然的环境里达到了复习的目的。因此，要多引导学生在一起互相交流，能够表述清楚所学的内容，就自然对内容已经有了切实的掌握。而对学习的内容把握得不是很准确的话，也能够在表述的过程中被学生自己意识到，为了能够融入周围的交流氛围，学生回去以后会主动重温知识，提高自己对知识的掌握能力。

第二，学生在课前做有针对性的练习。本班学生人数为四十人，六人一组分为七组，每个研究组选一个组长。学生应该观看教学录像，提前完成由老师安排的准备工作，加强学习内容的巩固，在自学的过程中发现疑虑并思考。如果在学习中遇到难以

解决的问题，建议学生做好问题记录，在交流学习的过程中提出来，这时候教师就要做好学生的思想教育工作，告诉学生提出问题并不是一件可耻的事情，重要的是在交流的过程中解决这个问题，教师要对主动提出问题的学生予以鼓励，并且号召学生一起来解决被提出的问题。学生如果在一开始的时候就受到鼓舞，那么在今后的学习过程中自然也不会耻于开口，羞于提问了。开放而热烈的交流学习氛围一旦形成，会迅速地感染周围的学生，让他们降低自己的抵触情绪，融入周围的环境中去。由此可见，翻转课堂的形成有助于营造主动学习、团队合作的氛围，打破传统的强记式个体学习，转而成为合作型的团体学习。

第三，利用社交媒体或者课程网站问题讨论区进行交流。学生可以通过 QQ、微信、课程网站讨论等社交媒体与同学互动，分享自己的学习成果，讨论视频观看过程中遇到的困惑和课后练习的过程，并相互回答。对于学生无法解决的问题，通过在线讨论论坛进行在线交流。上课时将按问题出现的频率排序，最常见的问题将出现在论坛的顶部，这加强了教师和学生之间的在线交流，同时也能帮助教师及时了解学生的实际学习情况，进而对翻转课堂教学模式做出针对性的调整。

（三）课堂教学活动的组织

七个组的组长讲解课前提出的问题，在这个过程中，教师要密切关注学生讲解的情况，纠正和总结错误。班长与小组组长沟通后，反馈给老师，老师分析和总结关键点和难点问题，并及时总结各组的学习效果，作为课程常规考核的依据。讨论结束后，在学生解答完疑惑后，老师总结学生的结论并得出最终结论，结论以图表和组件列表的形式呈现。在此基础上，所有学生将接收元件和电线，并在网板上安装元件，根据示意图进行布线和调试，最后通电试车。

本节首先从翻转课堂教学模式的定义、探索翻转课堂教学模式的原因、翻转课堂实施的必要条件三个方面阐述了翻转课堂教学模式，然后分析了校企融合的电工技术课程教学现状，接着从学生学习的基本特点、信息技术的飞速发展、课程有完整的网络教学资源三个方面进行了"电工技术"课程推行翻转课堂教学模式的可行性分析，最后设计了翻转课堂教学模式的教学案例（先是课前问题的提出，然后是学生自主安排学习，最后是课堂教学活动的组织）。在电气工程课程中，根据学生的实际学习情况，进行科学的教学设计，强化学科核心素养培养的教学目标，然后结合电气工程学科教学特点，综合考虑各种教学形式的优势，最后选择最适合的教学手段，促进翻转课堂与电气工程进行有机融合，从而为学生综合能力的培养提供良好的理论依据。这种以学科基本特点为基础、以提高教学质量为导向的翻转课堂教学形式才是教育的有效途径，同时也是未来教育的主要发展方向。

第五节　云班课在高职电气自动化技术专业
电工技术教学中的应用

2016 年 9 月，浙江省教育厅印发《浙江省教育信息化"十三五"发展规划》，文件要求加快浙江教育数字化转型发展，以信息化引领教育现代化。为了响应教育厅的号召，学校开展基于"云班课"信息化教学课程的建设，笔者也积极对所负责的电工电子类理论及实践课程进行信息化改造。实践证明，融入信息化教学手段有助于提升学生学习的积极性和主动性，提高教学质量，为学习后续专业课程和从事与本课程有关的工程技术工作打下良好的基础。

一、云班课功能简介

云班课是一款融入人工智能技术的教学助手 App，通过它能够实现将网络教学和传统教学有机结合的混合式教学模式，其主要功能如下：签到考勤，代替传统点名签到方式，实现一键签到，让学生签到更加便捷，还可以实现手势签到，既节省点名时间又增加课堂趣味性。课堂投屏：只要教室中有一台能上网的电脑，就可以使用云班课投屏模式，将签到、课堂表现及各种课堂活动通过投屏展示出来，学生也更直观地看到大家的表现，课堂氛围被活跃起来。头脑风暴：针对开放性的问题，可以通过头脑风暴让学生积极思考并用自己的文字表述出来，活动结束后，学生可以互相看到其他同学的回答，教师针对课堂的知识点或重难点发布提问，学生回答。测试活动：教师将知识要点编辑成选择、判断类题型，上传云班课平台，按照课程进度开启测试功能，可用于检测学生课前自学，课中学习，课后掌握的情况，测验完成后，系统会自动生成学生的完成时间和分值。作业、小组任务：对于需要小组合作完成的任务，教师可以发布小组任务。任务小组划分的方式可以分为随机划分小组、线下划分小组，或使用成员小组方案。任务完成后，评价的方式也有多种，教师评分，指定学生评分，学生互评，组间互评，组内互评，教师可以根据教学的具体需求设置各类评分所占的比重。此外，还有举手、抢答、选人，答疑讨论等功能。

二、电工基础云班课教学实践案例

（一）安全用电

1. 教学目标

知识与能力：知道触电的形式和种类，做好防触电的保护措施，能根据实际情况，进行触电急救。

过程与方法：凭借网络教学平台探讨问题，充分利用小组分工协作。

情感与态度：培养学生遇到问题后能够合作解决问题的能力并增强学生自主学习意识。

教学设计与方法：采用任务驱动式教学，借助网络教学平台、QQ、云班课，以小组合作探究的方式实施项目，提高学生自主合作、探究学习的能力。

2. 教学活动设计

课前：教师在云班课发布安全用电学习资源、视频，学生在线学习，并完成在线测试，教师查看测试结果，能够了解学生自学的情况，以此可以根据学生掌握的情况调整授课重点。

课中：① 创设情景，引入问题。教师播放生活中用电时存在安全隐患的图片，引入本节课的项目安全用电。② 分析问题，明确任务。教师把本节课的 PPT、重点微课视频上传云班课平台，然后教师通过提问的方式来启发学生思考。在云班课上设置头脑风暴，让学生思考电能是如何产生、输送和分配的；设置抢答，让学生回答触电对人体的伤害；设置课堂小测，了解触电急救的原则；明确本项目的两大任务：人工呼吸和胸外心脏按压法。学生以小组讨论的形式，自学相关知识，实训考核模拟并讲述人工呼吸和胸外心脏按压法的动作要领。③ 解决问题，巩固新知识。教师巡视辅导，着重观察学习慢、操作慢的小组，并在辅导过程中找出班上表现出色的小组。④ 学生评价，老师点评。教师在巡视过程中发现的优秀小组进行现场演示，并重点强调，突破难点。

课后：任务布置，传递正能量。让学生把安全用电的情景剧发布到云班课讨论区，让更多的同学了解到安全用电的重要性，传递正能量。

（二）叠加定理

1. 教学目标

知识目标：① 引导学生理解叠加定理的基本概念。② 指导学生掌握如何运用叠加定理求解支路电流，并学会如何在实践操作中运用叠加定理。**能力目标**：通过实践技能训练，提高学生分析电路的能力，掌握叠加定理的运用。

2. 教学设计与方法

① 实验操作、感性积累、激发兴趣;② 亲历探究、获得技能、体验成功;③ 范例引导、求解电路、学以致用;④ 小试牛刀、拓展训练;⑤ 归纳总结与作业。

3. 教学活动设计

课前:教师在云班课发布叠加定理学习微课视频,学生完成自主学习和测试题,教师根据学生自测情况了解学生的学习进程。课中:① 实验操作,感性积累,激发兴趣。学生分为八组,教师在云班课平台发布任务,学生完成实验电路连接,并测量所得实验数据。实验结束后,邀请学生在云班课小组任务中拍照上传实验结果,并完成小组评价,给组内成员在实验中的表现打分,教师根据实验表现和结果给予小组评分。Multisium仿真结果展示,由于实验结果有误差,进一步通过仿真软件展示精确实验结果,便于学生得出结论。② 亲历探究,获得技能,体验成功。教师在云班课发布头脑风暴,探究电路规律。根据实验和仿真结果,发现各支路电流有如下规律,即所有电源独用时支路电流的代数和,实质上是电工中的一个重要的定理——叠加定理。③ 范例引导,求解电路,学以致用。通过例题讲解运用叠加定理的一般解题步骤。④ 小试牛刀,拓展训练。云班课发布头脑风暴,运用叠加定理的一般解题步骤尝试求解习题,学生完成练习后拍照上传计算过程及结果。课后:归纳总结与作业。

云班课平台上整合了课上的教学资源,学生可以进行多次学习和自主学习。教师发布答疑讨论,对于课堂内容有疑问的同学可在云班课答疑讨论区提问。

(三)电动机正反转故障检测

1. 教学目标

① 掌握理解正反转的实现过程。② 掌握三相异步电动机正反转的工作原理。③ 指导学生掌握电动机正反转的工作原理,并培养学生正反转电路图的识图能力。④ 指导学生分析三种不同的电动机控制电路的渐进过程,培养学生综合分析和比较归纳的能力。

2. 教学设计与方法

通过电动机的正反转典型故障,采用"教学做"一体化教学模式,引导学生思考,并通过实践演示,让学生在实践中了解操作过程,并通过采用任务驱动法让学生掌握维修方法。

3. 教学活动设计

课前:教师在云班课发布预习资源,学生观看微课视频和资源并完成预习任务。课中:① 教学准备:学生准备任务书、学生分组,准备好电机、线路、电工仪器设备、电路板等。② 情境激发兴趣,提出任务。教师通过图片、课件、视频来展示与本次课相关的内容及情境。播放机床加工案例教学视频,指导学生观察主轴运行正反转情况。提出学习任务要求：思考如果电机正反转发生故障，如何进行电机正反转控制线路检测？③ 课中探索，任务驱动。任务上传云班课，将任务发布给学生，主要有以下四个任务：a.运用实训室电工实训仿真系统对电动机正反转工作原理进行分析。b.通过 PPT 演示，运用实训室电工实训仿真系统仿真模拟排除故障，让学生判断如何运用电阻分段测量法检测控制线路。c.实践操作，给学生在实际电路上设置故障点，让学生在断电情况下运用电阻分段测量法检测控制线路，记录数据，并判断如何排除故障点。d.运用云班课，对各小组任务完成情况进行小组自评、互评，给完成较好的小组给予额外加分，最后在云班课平台上设置相关题目并完成在线测试。④ 课中探索，归纳总结。总结电机正反转控制电路的工作原理以及遇到正反转故障后如何检测故障的方法，让学生进行回答，以此来加深学生的印象。⑤ 课后提升，自主学习。在云班课平台上上传本次课程的相关教学资源，让学生可以在课后自主学习加深印象，并可以对不懂的知识点反复查看学习。

三、云班课应用的反思

经过一年的电工技术基础云班课信息化教学实践，通过选定一本云教材，上传各类教学资源，并发布类型多样的课堂活动，学生对于这种新型的教学手段充满兴趣，并收获了不错的教学反馈。与此同时，也要意识到高职学生普遍学习基础、学习能力和自制能力相对较差，学习积极性不高，通过一年的基于云班课信息化教学模式在电工基础课程中的应用，每完成一项课堂活动都有相应的经验值加分，通过这种手段建立起平时学习的竞争意识，这大大改善了学生的学习积极性，提高了学生课堂的参与度。与此同时，信息化的教学模式也对教师提出了更高的要求，教师除了备课，还需要搜集大量的信息和资源，合理设计每堂课的各个环节，并利用课余时间来实现师生互动。

另外，还必须意识到云班课的应用要求在有无线网络的情况下使用。因此，高校必须加强校园网的硬件配套设施建设，网络畅通才是开展云班课教学的基础。

作为新时代的教师，必须树立起终身学习的观念，不断学习先进的教育理念、教育技术，把它应用于自己的日常教学中，总结经验，只有不断总结、改进自己的教学方法，才能使自己跟上时代的步伐，才能更有竞争力。

参考文献

[1] 杨凤英.电子工程技术的现代化发展趋势探索 [J].信息记录材料,2018,19(9):37-38.

[2] 闫珊珊.浅析电子工程技术的应用及发展趋势 [J].中小企业管理与科技(下旬刊),2018(21):174-175.

[3] 刘太广.电子信息工程的现代化技术分析 [J].数字通信世界,2018(6):72.

[4] 韩建波.电子信息技术在控制系统中的主要应用分析 [J].数字通信世界,2018(6):154.

[5] 王志宽.简析电子工程技术措施的现代化发展进程 [J].城市建设理论研究(电子版),2017(11):290.

[6] 张建忠.电子信息工程现代化技术研究 [J].电子制作,2016(18):72.

[7] 童朝.电子信息工程的现代化技术应用研究 [J].信息通信,2016(2):144-145.

[8] 杜平.刍议机械电子工程行业现状分析及未来发展趋势 [J].化工管理,2016(33):52.

[9] 傅思杰.探析机械电子工程行业现状分析及未来发展趋势 [J].企业导报,2016(6):71.

[10] 张文正.关于机械电子工程综述 [J].赤子(上中旬),2015(4):223.

[11] 张娜.电子工程中智能化技术的运用分析 [J].内蒙古科技与经济.2016(19):53.

[12] 高金刚,李国志.智能化技术在电子工程中的运用研究 [J].城市建设理论研究(电子版),2017(1):86-87.

[13] 艾杰.关于电子工程运用智能化技术的探讨 [J].电子技术与软件工程,2016(15):140.

[14] 蒋冬升.关于电子信息工程的现代化技术探讨 [J].信息系统工程,2018(7):144.

[15] 鄢庭锴.探讨电子工程的现代化前景 [J].黑龙江科技信息,2017(11):32.

[16] 张伟.浅析机械电子工程与人工智能的关系 [J].山东工业技术,2016(4):135.

[17] 张硕.浅析电子工程的现代化技术 [J].通讯世界,2014(3):114-115.

[18] 刘稀瑶.电子工程的现代化技术与运用实践探寻 [J].军民两用技术与产品,2016(22):247.

[19] 郝东方.浅析电子工程的现代化技术在知识产权管理中的发展趋势 [J].网友世

界（云教育),2014（19）: 113.

    [20] 孟德庆 . 电子工程的现代化技术与应用研究 [J]. 电子世界 ,2014（17):14.